JN033729

Combinatorics

組合せ論プロムナード
［増補版］

Promenade

山田 裕史

Hiro Fumi YAMADA

日本評論社

　本書は『数学セミナー』の連載「組合せ論逍遥」(2008 年 4 月号～2009 年 3 月号)に番外編を 3 話付け加えることによりできあがった．高校生や高校の先生，さらには数学にあまり縁のない一般の読者に対する「本格的な数学への入門書」であることを目指し，なおかつ数学の専門家にもある程度楽しんでもらえるように，との贅沢な，あるいは不合理な要求に応えるべく書かれている．

　数学の一分野としての組合せ論はそれ自体，予備知識をそれほど必要とはしないだろう．しかしそれは必ずしも易しい数学であることを意味しない．腰を据えて真剣に取り組むべき数学であることに変わりはない．

　じっくり時間をかけて考えながら読んで欲しいと願っている．それが数学の本を楽しむ唯一の方法である．ただし書かれていること全部を完璧に理解できなくてもよい．何をやろうとしているのか，どんな道具が使われているのか，何となく分かってもらえたらそれでいい．大切なのは「考える楽しさ」に目覚め，そして味わうことだ．公式を丸暗記して数値を当てはめて問題を解く，という無味乾燥な数学とは決別しようではないか．

　「ものを数える」という組合せ論は数学の原初形態であろう．リンゴが五つといった素朴な「集まり」の抽象化として集合や写像の概念が生まれ，「演算」という構造を付与することにより代数学に発展する．さらに「変化」を加味することによって微分積分，すなわち解析学が生まれる．だから「数学とは組合せ論のことだ」と言えるかも知れないが，これでは単なる言い換えにすぎず，何も意味しない．実のところ「組合せ論とは何か」と問うことはナンセンスかも知れない．「ここまでは組合せ論，ここから先は代数学」などという線引きは無意味であり，する必要もない．本書は「私の数学が組合せ論なのだ」というスタンスで貫かれている．群が登場する，リー環が登場する，微分方程式すら顔を出す．それでいいのだ．それぞれの研究者がそれぞれの組合せ論を持っている．それでこそ数学の醍醐味だ．

「私の」組合せ論を前面に押し出した本書には，グラフ理論も符号理論も凸多面体も超平面配置も出てこない．豊富な組合せ論を提供してくれるシューベルト解析に触れることができなかったのは残念だ．捲土重来を期す．

　教科書ならば章ごとの連関を図示したりもできよう．でも本書は「プロムナード」だ．買い物がてらぶらぶら歩けるような散歩道だ．組合せ論をめぐって「あてもなく楽しみながら歩く」といった読み方を想定している．目次を見て気になる箇所があればそこを出発点にすればよい．ただし，あてもなく歩く場合でも，B 地点に行くためには A 地点を通らなければならない，などということは当然あり得るし，歩き回るためにはあらかじめその場所のことを少しは知っておく必要があるかも知れない．そのことに注意してあとは自由に遊んだらいい．

　本書が読み易いかどうか，読者の審判を待つ．数学の議論を細かく追うのは数学者にとっても集中力が要求される辛い作業である．特に組合せ論ではその傾向が強いように思う．図を描いたり例で説明すれば簡単なことを，一般的に述べようとすると，煩雑な記号や概念が必要とされることが多い．そして他人のアイデアをそのまま受け入れるのは時に不愉快ですらある．だから読者は本書の記述を単に導入，トリガーとして捉えて欲しい．そして自分の頭で考え，自分の組合せ論を創り上げていって欲しい．本書によって啓発された読者が数学の発展に寄与してくれることを願う．

　『数学セミナー』連載中から日本評論社の入江孝成氏にはお世話になった．彼の献身的な協力なしには本書は世に出なかった．ここに篤くお礼を申し上げる．言うまでもないことだが数学者仲間の一言一言が私を勇気づけた．深く感謝する．そして妻，こずえには感謝の言葉がみつからない．

「連載が本になったよ」…両親に捧げる．

2009 年 11 月

　　　　　　　　　　　　　　　　　　　　　　　　　山田裕史

　増補版では「補講 4 時限」を書き加えた．そして初版にあった多数の間違い
をできる限り修正した．加筆したのはヴィラソロ代数の表現に関することであ
る．尊敬するノラン・ワラック氏の 1984 年の論文の解説を試みたものだ．厳
密にいうと組合せ論の範疇にはおさまらず，むしろ幾何学に属する話題かもし
れないが，例によって「なんでも組合せ論」という姿勢で書き綴った．若い頃
のことをいろいろ思い出しながら書くのは楽しい作業であった．

　初版出版から 15 年，環境が少しく変わった．当時勤めていた岡山大学から
2016 年に熊本大学に異動し，2022 年に定年退職した．現在は広島に居を構え，
非常勤講師として大学 1 年生に微分積分や線型代数を教えている．初版を呈し
た両親も既になく，自身の年齢を意識する日々である．仲間に支えられている，
との実感もある．ただし数学への情熱は衰えていないと思いたい．今後も数学
には積極的に関わっていく所存である．

　増補版を出すことを提案され，編集の労を取られた日本評論社，入江孝成氏
に感謝したい．

2024 年 5 月

山田裕史

目次

組合せ論プロムナード
［増補版］

黄金比と石取りゲーム

組合せ論とは？

　組合せ論とは何か．冒頭から大上段に振りかぶった難しい問いである．「ものの個数を数える数学だ」と定義することも可能かも知れない．しかし現代の数学は，複雑な数学的対象を調べるのにその対象から「不変量」と呼ばれる何らかの数値を抜き出してそれを勘定する，という手法を取ることが多い．それはたとえば次元であったり，ランクや交叉数であったりする．ものを数えるのが組合せ論なら，ほとんどすべての数学が組合せ論になってしまう．そうなると身も蓋もない．まあでも組合せ論の基本は「勘定すること」といって差し支えないだろう．ある対象を研究していて，最後に個数を勘定する問題に帰着した場合,「後は組合せ論だ」などと言ってその作業を小馬鹿にする風潮が以前はあったように思う．最近はしかし，組合せ論も地位が向上して立派な数学の一分野と言えるようになったのではないだろうか．もちろん何でも数えればよい，というものではない．しかるべき意味のあるものの個数を勘定してこそ数学の分野たり得る．だからこそ組合せ論は数学の他の分野との関連が非常に大切な動機付けであるべきだ．

　「代数的組合せ論」という言葉がある（[7]参照）．代数的対象の研究に組合せ論的な考え方を適用するもの，また逆に組合せ論の研究に群論，環論といった代数学を用いるもの，という意味だと了解されている．ただし日本ではもう少し意味を限定する場合もあって，この語を取り巻く状況はやや複雑である．本書で述べることは広い意味の代数的組合せ論になろう．私は自分の専門を「表現論」と言うことにしているが，特に表現論の組合せ論的な側面に興味があり，本書にもその趣味が色濃く反映されるはずである．

　2006年のフィールズ賞受賞者の1人にモスクワ生まれのプリンストン大学教授，Andrei Okounkov がいる．片仮名ではオコンコフとかオクニコフと表記

される．彼の受賞理由は「確率論，表現論，代数幾何学を結びつけることに貢献」である．詳しくは『数学セミナー』の洞彰人氏の記事[8]にゆずるが，オクニコフの架けた橋において組合せ論が大きな橋げたになっていることは疑いない．高校数学では確率は順列・組合せの単純な応用のように扱われる．だから高校生は「確率論に組合せ論を持ち込んだのか，なるほど」と素直に納得するかも知れないが，大学の数学科で確率論を勉強した人にとっては，やっぱり意外なのではなかろうか．一方，表現論と組合せ論の関係は明白である．ヤング図形という組合せ論的な図形を通して群や環やリー環の表現論が楽しい数え上げになることがある．危険な罠で，ひとたびその快感を味わうとなかなか抜け出せなくなる．私はもう30年以上，快感のまっただ中だ．

フィボナッチ数列

いつまでもこんなお喋りをしていたいがきりがない．そろそろ本論に入ろう．第1講では小手調べとしてフィボナッチ数列と黄金比について語りたい．よく知られているようにフィボナッチ数列とは

$$F_0 = 0, \quad F_1 = 1,$$
$$F_{n+1} = F_n + F_{n-1} \quad (n \geqq 1)$$

で定義される自然数列のことである．初期値 F_0, F_1 を変える場合もあるが，たとえば $F_0 = 2$，$F_1 = 1$ とやってしまうと以後がまったく違う数列が出てくる．これはリュカ数列と呼ばれている．大学初年級の理工系学生に講義していて，何かの折にこのフィボナッチ数列のことが話題になると，彼らは反射的に黄金比（とその相棒）

$$\alpha = \frac{1+\sqrt{5}}{2} = 1.618\cdots, \quad \beta = \frac{1-\sqrt{5}}{2}$$

を思い浮かべるようだ．先日も数学科1年生に「フィボナッチ数列の隣り合う2項は互いに素であることを示せ」という問題を出したところ，まったく必要ないのに黄金比を持ち出す答案が多かった．こちらとしては，入試の採点をしていて，行列と見るやケイリー–ハミルトンを使う答案に出くわすのと同様の戸惑いを覚える．

　線分を二つに内分するのに，短い部分を1，長い部分を α とし「短い部分：長

い部分」という比が「長い部分：全体」に等しくなるようにする．これを黄金分割と呼ぶ．ここで現れる比の値（の逆数）α が黄金比である．正5角形の辺と対角線の長さの比としても登場する．さらには連分数の最初の例として挙げられることも多い．本書でも第7講で連分数を取り上げる．国旗の縦横比は黄金比だ，という話を聞いたことがあって，長いことそれを信じていたが，どうやら国連では2：3に統一されているようだ．つまらないな．黄金比は「非常に美しい比率」なのに．また「オウムガイは黄金比を知っている」だの「『ダ・ヴィンチ・コード』（ダン・ブラウン，角川書店）では黄金比が謎解きのキーだ」だのという話は知的な感じがして，女性を口説くときなどによろしいかも知れない（この部分は男性読者向け）．

さて件の学生の反応はもちろん正しい．フィボナッチ数列と黄金比は切っても切れない関係にある．たとえばフィボナッチ数列の一般項は黄金比を用いて

$$F_n = \frac{1}{\sqrt{5}}(\alpha^n - \beta^n)$$

と表されるし，隣り合う2項の比を考えれば

$$\lim_{n \to \infty} \frac{F_{n+1}}{F_n} = \alpha$$

であることもよく知られている．これについては小話があるので紹介しよう．こうやってすぐに脱線してしまうのは何とかならないだろうか．

私は2005年11月から翌年の7月までアメリカ，カリフォルニア大学デイビス校に滞在した．渡米にあたってビザを取得する必要があり，大阪のアメリカ領事館に家族そろって面接に出かけた．面接はいたってオープンで他人が何を聞かれているかわかってしまうような場所であった．前の人たちのインタビューをそれとなく聞いていると，「何をしにいくのか」とか「どのくらいの期間なのか」など，わざわざ面接するまでもないようなことを尋ねている．提出書類にそんなことは全部書いてある．さて我々家族の番が来た．3人そろって面接官の前に出る．（なおこの会話はすべて英語で行われた．）

面接官「職業は何ですか？」
山田「大学で数学を教えています．」

その次は思ってもみない質問だった．

　　面接官「フィボナッチ数列の隣り合う2項の比の極限は何ですか？」

もちろん答えは上の a だ．英語でこの値を言うのは面倒くさいがなんとか通じたようだ．

　　面接官「そうですね．わかりました．それじゃ円周率をちょっと言ってみてください．」

はあ？

　　山田「Three point one four, … well, plus something.」
　　面接官「えっ？　数学者なのにそれだけしか言えないのですか？」
　　山田「いや，日本語ならもう少し，50桁ぐらいは言えるはずなんですが，英語で覚えているわけではないんで…」
　　面接官「ああそうか．わかりました．じゃビザは出しておきます．」

というのがことの顛末である．ここで言いたいことは，アメリカ人の数学に対する基礎体力だ．たまたま私の面接官が数学マニアだったのかも知れない．しかしたとえば日本の市役所の職員が雑談でこのような会話ができるか，と考えると彼我の差は大きいような気がしてならない．

そして石取りゲーム

　さて話は急に飛ぶが，ここで石取りゲームについて述べよう．「ワイトホフの2山崩し」と呼ばれる数学ゲームである．$m+n$ 個の碁石（色は問わない）が m（$\geqq 0$）個と n（$\geqq 0$）個の2山に分けて置いてある．この状態を (m,n) と書こう．(m,n) と (n,m) は同一視される．プレーヤーは2人．代わりばんこに場面から石を取り除いていく．ただし1回の手で許されるのは次の二つのうちどちらか一方とする．

（1）　一つの山から任意個取る.

（2）　二つの山から同数個取る.

最後の石を取った人が勝ち，というルールにしよう．いわゆる「正規形」のゲームである．最後の石を取らされた人が負け，という「逆形」も考えられるが，数学的な理論は正規形の方が易しい．このゲームは一松信先生の著書[2]に紹介されているのでご存知の方も多いだろう．ほとんどの組合せ (m,n) は「先手必勝形」である．そこで数学としては後手必勝形に着目する．一松先生の本以来，後手必勝形は「良形」と呼ばれる．石取りゲームを数学的に初めて解析した論文は 1910 年に *Annals of Mathematics* に登場しているが，そこでは後手必勝形は safe combination と呼ばれている．良形とは簡単に言えば「先手がどんな手を打っても後手がうまく対処すれば後手が勝てるような局面」のことである．数学的には以下のように帰納的に定義される．

（1）　$(0,0)$ は良形.

（2）　(m,n) から一手で良形が得られないとき (m,n) は良形.

たとえば $(1,2)$ とか $(3,5)$ が良形であることはすぐに確かめられる．ルールから m と n の差が $s \geqq 0$ であるような良形は高々一つであることもわかる．実際 $(m,m+s)$ が良形ならば，任意の $m'\,(\neq m)$ に対して $(m',m'+s)$ は良形ではあり得ない．両方の山から同時に $|m-m'|$ 個取るという一手がある．そして任意の $s \geqq 0$ について，2 山の差が s の良形が存在することも次のようにして証明される.

　s についての帰納法を用いよう．$j = 0, 1, \cdots, s-1$ については (m_j, m_j+j) が良形となる自然数 m_j が存在すると仮定する．そしてさらにその数列 m_j は $m_0 < m_1 < \cdots < m_{s-1}$ を満たす，すなわち単調増大であると仮定しよう．このとき

$$T_s = \{m_0, m_1, \cdots, m_{s-1}, m_1+1, m_2+2, \cdots, m_{s-1}+(s-1)\}$$

と置く．そして $m_s = \min(\mathbb{N} \backslash T_s)$ とする．すなわち T_s に含まれない最小の自然数を m_s と置くのだ．ここまでを帰納法の仮定としてもかまわない．実際，$m_0 = 0$，$m_1 = 1$，$m_2 = 3$ はこのようにして決まっていることが確かめられる.

そしてこのとき $m_{s-1} < m_s$ と (m_s, m_s+s) が良形であることの二つが証明される. 実際 $T_{s-1} \subset T_s$ なので $m_{s-1} < m_s$ は明らかであり, また良形であることのチェックは面倒だが単純な手続きの繰り返しにすぎない.

ここで練習問題を一つ.

●問題 1-1 ──────────────────────

$m_{s+1} - m_s \leqq 2$ となることを示せ.

さて表 1-1 をじっと見ていただくと, $\dfrac{m_s}{s}$ がだいたい 1.5 ないし 1.6 になっている, ということに気がつくはずである. そこで次のような期待を(無理やり)持つことにしよう.

ある数 γ が存在して, $m_s = [\gamma s]$ と書けている. (ここで記号 $[x]$ は x を超えない最大の整数を表すものとする.)

m_s の選び方から次のことがわかるだろう.

● すべての自然数 ($\geqq 1$) は m_s あるいは m_s+s の形に一意的に表される.

● 自然数 0 に関しては例外的に $0 = m_0 = m_0 + 0$ と 2 通りに表される.

このようなときに「数列 $\{m_s\}$ と $\{m_s+s\}$ は自然数全体をカバーする」ということにしよう. 自然数全体のカバーについては一般的な定理が知られていて, 文献[1]の第 2 章に練習問題としても載っている. もっと昔にレイリーという物理学者の『音響論』という書物に書かれているらしいが, 自分で確かめたわけではない.

●定理 1-2 ──────────────────────

a, b を正の実数とする. このとき数列 $\{[as]\}$ と $\{[bs]\}$ が自然数全体をカバーするための必要十分条件は, a と b がともに無理数で $\dfrac{1}{a} + \dfrac{1}{b} = 1$ を満たすことである.

われわれのゲームの場合は $\{[\gamma s]\}$ と $\{[(\gamma+1)s]\}$ が自然数全体をカバーして

s	0	1	2	3	4	5	6	7	8	9	10	11	12	13	14	15	16
m_s	0	1	3	4	6	8	9	11	12	14	16	17	19	21	22	24	25
m_s+s	0	2	5	7	10	13	15	18	20	23	26	28	31	34	36	39	41

表 1-1 ●良形のリスト

欲しいのだった．上の定理に当てはめると γ は 2 次方程式 $\gamma^2 - \gamma - 1 = 0$ を満たすことが必要十分であることがわかる．このようにして $\gamma = \alpha$，すなわち黄金比がゲームに登場することとなった．この事実は少なくとも私には唐突で予期しないものであった．おもしろいので，「数学の楽しみ」といった講座などで紹介することも多い．世の中にはフィボナッチ・マニアとも呼ぶべき人々がいることは承知している．『*Fibonacci Quarterly*』という専門誌もある．将来ある若い人が深みにはまることは，数学者としてはお薦めできないが，息抜きにこんな世界に思いを馳せるのもよいだろう．

定理の証明を与えておこう．

●証明
────────────────────────────────

（必要性）　1 以上の自然数 n に対して $1 \leqq [as] \leqq n$ となるような $s\,(\geqq 1)$ は $\dfrac{n}{a} + \lambda$ 個だけ存在する．同様に $1 \leqq [bs] \leqq n$ となるような $s\,(\geqq 1)$ は $\dfrac{n}{b} + \mu$ 個存在する．ここで λ, μ はその絶対値が n に無関係に 1 で上から押さえられている．これより

$$\frac{n}{a} + \lambda + \frac{n}{b} + \mu = n$$

だが両辺を n で割って n を無限大に飛ばせば $\dfrac{1}{a} + \dfrac{1}{b} = 1$ がでる．またもし a が有理数で $a = \dfrac{q}{p}$ と書けたとすると，$\dfrac{1}{a} + \dfrac{1}{b} = 1$ より $b = \dfrac{q}{q - p}$ も有理数になる．このとき

$$q = [pa] = [(q - p)b]$$

と 2 通りの表し方が可能なので矛盾．よって a, b は無理数．

（十分性）　$\dfrac{1}{a} + \dfrac{1}{b} = 1$ が満たされているとする．最初に $\{[as]\}$ と $\{[bs]\}$ の間に重複がないことを示す．もし重複があれば $n = [as] = [bt]$ となる自然数 n, s, t が存在する．つまり

$$n < as < n+1, \qquad n < bt < n+1.$$

ここで a, b が無理数なので不等号の下にイコールがつかないことに注意．両辺をそれぞれ a, b で割って，

$$n < s + t < n + 1$$

を得るがこれは矛盾．また $\{[as]\}$ と $\{[bs]\}$ に登場しない自然数 n が

あるとすると，
$$as < n < a(s+1)-1, \qquad bt < n < b(t+1)-1$$
を満たす自然数 s と t の存在がわかる．両辺をそれぞれ a, b で割って，
$$s+t < n < s+t+1$$
を得るがこれは矛盾．以上で定理の証明が終わる．

　われわれのゲームと黄金比の関係はわかった．それではフィボナッチ数列そのものと直接の関係があるのだろうか．こんなことがある．自然数 $s \geqq 2$ に対して
$$s-1 = F_{i(1)}+F_{i(2)}+\cdots+F_{i(k)},$$
$$2 \leqq i(1) < i(2) < \cdots < i(k)$$
と相異なるフィボナッチ数の和として表すことが可能である．証明は数学的帰納法の簡単な演習問題だ．もちろん一意的な表示ではあり得ない．一意的な「標準表示」あるいは「最短表示」が欲しければ
$$i(p+1)-i(p) \geqq 2 \qquad (1 \leqq p \leqq k-1)$$
という制限をつければよい．これはフィボナッチ通の間では「ゼッケンドルフの定理」として知られているものだ．さてこのときのわれわれの主張は
$$m_s-1 = F_{i(1)+1}+F_{i(2)+1}+\cdots+F_{i(k)+1}$$
である．
　たとえば $s = 13$ とすると
$$12 = 1+3+8 = F_2+F_4+F_6.$$
したがって
$$m_{13}-1 = F_3+F_5+F_7 = 2+5+13 = 20.$$
つまり $m_{13} = 21$ となる．

　第1講ということで気負って書いたが出来映えはどうだろうか．実はほぼ全部を書き終えてから文献を調べてみて驚いた．日本語で読める「黄金比本」は予想以上に多いのだ（[3-6]参照）．そして自分では珍しい題材のつもりでいた「石取りゲームと黄金比」もいくつかの本でちゃんと紹介されている．だから私の記事は「屋上屋を架す」ことにしかならないとわかって正直がっかりした．

カタラン数

数学者カタラン

　本講では肩ロース，いや「カタラン数」について述べようと思う．いろいろ参考書があると思うが，私の手許にあるのは山本幸一先生の高校生向けの本[9]である．

　カタラン（Eugène Charles Catalan 1814-1894）はベルギーの数学者だ．「カタラン数」でしか名前を知らなかったが，岩波全書の『数学公式II』に「カタランの定数」なるものが載っているのを見つけた．リーマンのゼータ函数の変形である

$$\beta(k) = \frac{1}{1^k} - \frac{1}{3^k} + \frac{1}{5^k} - \frac{1}{7^k} + \cdots$$

という無限級数を考える．いかにもオイラーが調べていそうだ．自然数 k が奇数のときは $\pi^k \times$（有理数）と書けることが知られている．特に $k=1$ のときの値は $\frac{\pi}{4}$ だ．ところが k が偶数のときには途端にわからなくなる．$k=2$ のときには

$$\beta(2) = \frac{1}{2} \int_0^{\pi/2} \frac{\theta}{\sin\theta} d\theta$$

と表される．これが大体 $0.91596\cdots$．この値をカタランの定数と言うらしい．こんなもの，無理数に決まっていると思うが，まだ証明されていないそうだ．また『数学辞典』（第4版，岩波書店）によればフェルマー予想に似た「カタラン予想」というものがある．

●予想2-1 ─────────

　2以上の自然数 m, n, x, y に対して方程式
$$x^m - y^n = 1$$

は $m = 2$, $n = 3$, $x = 3$, $y = 2$ というただ一つの解しか持たない.

　これは 1844 年にカタランが予想し, 2002 年にルーマニア生まれの数学者, ミハイレスキュによって肯定的に解決されたものだ. 私は知らなかったが数論の世界では有名な話らしい.

　さてカタラン定数ならぬカタラン数の定義はもっと素朴である. 群でも環でもいい, とにかく 2 項演算が定義されているような代数系において $n+1$ 個の元 $a_0, a_1, \cdots, a_n$ が, この順番通りに並んでいる場合の積を考えるときに「括弧のつけ方が何通りあるか」ということを問題にする. たとえば $n = 2$ の場合, $(a_0 a_1) a_2$ と $a_0 (a_1 a_2)$ の二通りであることがわかる. 群や環の定義においてはこれらが等しいと要請する. いわゆる「結合法則」である. 帰納法を使って $n+1$ 個の元の積はその括弧のつけ方によらずに一意的に定まることが証明される.

　大学 1 年生に線型代数を教える際, 行列の積が可換でないことを必要以上に強調する嫌いがある. スカラーの世界とは違い, 行列は「線型写像」という操作なのだ. 操作は日常的に考えて可換であるはずがない. 講義では「パンツをはいてズボンをはく」と「ズボンをはいてパンツをはく」のでは結果が違うのは明らかでしょ, などと言って受けを狙う. ついでに「パンツとスカートならば可換だ」という注意も促すことにしている. さらには, 逆行列に関してセクハラまがいのくだらない説明を加える.

　数学者にとって非可換性は珍しくも何ともないが, 結合法則は「あたりまえ」に成り立っているような感じがする. 非結合的なもの, たとえばリー代数とかジョルダン代数を扱うときにはそれなりの覚悟が必要だ. ちょっと大げさかな. しかし日常生活において, 常に結合法則が成り立っているわけではないこともまた明らかだ. 「(大便)所」と「大(便所)」では意味が違う. 得意になってこの例を友人に話したところ,「そもそもそんな言葉はないだろう」と言われた. ごもっとも. [13] で挙げられている例は「(太った男)の子」と「太った(男の子)」である. もう一つ. 古典として「カネクレタノム」というのがある. 何でもいい. とにかく意味が変わるのだということを言いたかった. つまり結合法則というのは強い制約なのだ.

定義の途中だった．今は結合法則も交換法則も関係ない．カタラン数とは

$$C_n = n+1 \text{ 文字の積の括弧のつけ方の総数}$$

と定義される．$C_0 = C_1 = 1$ と約束しよう．

$$C_2 = 2, \qquad C_3 = 5, \qquad C_4 = 14,$$
$$C_5 = 42, \qquad C_6 = 132, \qquad C_7 = 429, \qquad \cdots$$

である．数学の数え上げ部門のいたるところでカタラン数は登場するらしい．スタンレイの教科書[10]ではなんと 66 種類もの例が演習問題として載っている．スタンレイのホームページを見るとさらに 100 近く例が増えている（増補版にあたり，改めて確認したところ，207 に増えていた）．フィボナッチ数と同様，カタラン数にも熱狂的なファンがいて「カタランマニア，略してカタラニア」と呼ばれる，なんて書いてあるがスタンレイ自身がそれに近い．ここではよく知られた例をいくつか挙げるにとどめよう．

カタラン数の例

3角形分割

一番有名なのはたぶん「正 $n+2$ 角形の中に互いに交わらない対角線を $n-1$ 本ひいて，多角形を n 個の 3 角形に分割する方法の総数」が C_n に等しい，というものだろう．$n = 2$，すなわち正方形の場合は 2 通りであることがすぐにわかる．$n = 3, 4$ ぐらいで実際に実験してみることをお勧めする．できれば $n+1$ 文字の積の括弧のつけ方との対応も考えて欲しい．いわゆる「全単射証明」を試みて欲しいというわけだ．

Dyck 経路

「$\mathbb{Z}^2$ において原点 $A = (0,0)$ から $B = (n,n)$ まで到達するのに，遠回りすることなく，また対角線 AB よりも東南の地区には入ることがないようにする縦横のみの経路の総数」．これが C_n に等しい．ちなみにこのような経路を「Dyck 経路」と呼ぶ．$n = 3$ の場合に絵で説明しよう（図 2-1）．

さて経路のそれぞれのステップに名前をつけよう．原点 A には a を対応させる．原点から最初は上に 1 ブロック進むしかない．その道に b を対応させる．以下，縦方向のステップに c, d と名前をつける．また横方向に 1 ブロック進む

道には全部＊を対応させよう．＊の数は三つになる．そのようにして上の絵の(1)から(5)までのそれぞれに文字列を対応させる．

$$(1)\quad abcd\!*\!*\!* \quad\longrightarrow\quad a(b(cd))$$
$$(2)\quad abc\!*\!d\!*\!* \quad\longrightarrow\quad a((bc)d)$$
$$(3)\quad abc\!*\!*\!d\!* \quad\longrightarrow\quad (a(bc))d$$
$$(4)\quad ab\!*\!cd\!*\!* \quad\longrightarrow\quad (ab)(cd)$$
$$(5)\quad ab\!*\!c\!*\!d\!* \quad\longrightarrow\quad ((ab)c)d$$

矢印 $\longrightarrow$ の対応はおわかりだろうか？　たとえば(2)を次のように読む．「a に，b と c をかけたものに d をかけたものを，かける．」つまり左から読んでいって＊が現われたら「かける」と宣言するのである．あるいは＊を「括弧閉じる")」だと思えばよい．（ただし通常，一番外側の，つまり全部を括る括弧は省略する．つまり $(a(bc))$ ではなくて $a(bc)$ とするのだ．）　これを「逆ポーランド記法」と言うのだそうだ．日本語の語順にぴったりあっている．これを用いれば「大便＊所＊」と「大便所＊＊」になる．見た瞬間に意味の違いがわからないと咄嗟の場合に困る．上が Dyck 経路と括弧のつけ方の間の１対１対応を与えていることを確認して欲しい．特に Dyck 経路で右下部分への立ち入り禁止がどのような役割を果たしているかを考えて欲しい．

完全２分樹木

　次に簡単なグラフ理論からの例をあげる．グラフに関する厳密な定義群はた

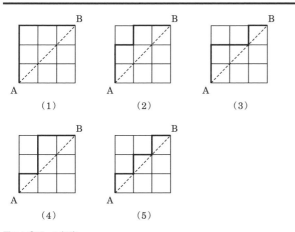

図 2-1 ● Dyck 経路

とえば[11]を見ていただきたい．ここでは感覚的な定義をいくつか準備する．グラフ（graph）とは「頂点（vertex）」と呼ばれる有限個の点たちを「辺（edge）」と呼ばれる線で結んだ平面図形のことである．「樹木（tree）」とは一つの頂点を「根（root）」とする"サイクルを持たない連結グラフ"のことと定義する．ただし「サイクル（cycle）」とはある頂点から辺を伝って一筆書きでもとの頂点に戻ってくる経路を指す．樹木とは「決めた根から辺を伝って任意の頂点に一通りの方法で到達できるグラフのこと」と言ってもよい．したがって辺に向きが自然に備わっていると考えられる．行き止まりの頂点を「葉（leaf）」と呼ぼう．また葉以外の頂点を「内部頂点（internal vertex）」と呼ぶ．すべての内部頂点から2本ずつ葉の方向に辺が出ている樹木を「完全2分樹木（complete binary tree）」と呼ぶことにしよう．「完全」を省略する場合もある．三つの内部頂点を持つ完全2分樹木は次の五つである（図2-2）．

一般に n 個の内部頂点を持つ完全2分樹木の全体を $J_2(n)$ で表すことにする．ここで練習問題．

●問題2-2 ───────────────────────────────

$J_2(n)$ の元はどれも $n+1$ 個の葉を持つことを確かめよ．

さて $|J_2(n)| = C_n$ であることが示される．たとえば上の $n=3$ の場合であれば四つの文字 a, b, c, d の積の括弧のつけ方を先程の Dyck 経路の例と同様に

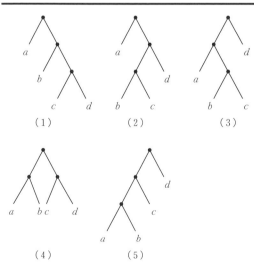

図2-2 ●完全2分樹木

すればよい．（2）を見てみよう．葉に左から a, b, c, d と名前をつける．一般に名前のつけ方は次のようにすればよい．根から葉に至る（一意的な）経路の各辺に $l\,(=\text{left})$, $r\,(=\text{right})$ という文字を振っていくと，各葉には l と r からなる文字列が対応する．これら文字列を辞書式順序にしたがって並べたものが葉の順番になる．（2）では

$$a = l, \qquad b = rll, \qquad c = rlr, \qquad d = rr$$

となっている．葉の順番づけができれば括弧のつけ方はもはや自明であろう．つまり「親（頂点）」を同じくする文字を順に括弧で括っていけばよい．

その正体

さてそろそろカタラン数の正体を明かそう．実は

$$C_n = \frac{1}{n+1}\,{}_{2n}C_n = \frac{1}{n+1}\binom{2n}{n}$$

である．ついでに言うと組合せの数，2項係数 $\binom{n}{k}$ を ${}_nC_k$ と書くのは高校までで，大学の数学教員は使いたがらない．理由はあるのだろうか？　私自身は ${}_nC_k$ という記号を見ると間延びした感じを受ける．

　証明には漸化式と母函数というテクニックを使う．まずカタラン数 C_n は次の漸化式を満たす．

$$C_n = \sum_{k=0}^{n-1} C_k \cdot C_{n-1-k} \qquad (n \geq 1)$$

C_n は $n+1$ 個の文字 $a_0, a_1, \cdots, a_n$ の積の括弧のつけ方の総数であった．「最後にやるかけ算」が $k = 0, \cdots, n-1$ のどれかに対して $(a_0 \cdots a_k)(a_{k+1} \cdots a_n)$ であるとする．ここにくるまでに前半の因子に関しては C_k 個，後半の因子に関しては C_{n-1-k} 個の括弧のつけ方がある．これで漸化式が証明できた．次に母函数

$$F(x) = \sum_{n=0}^{\infty} C_n x^n$$

を考える．組合せ論ではよくやる手だ．すべての自然数 n に対して数，あるいは函数 a_n と b_n が等しいことを証明したいとき，両方の母函数が等しい，という証明法をとることが多い．問題にしている数列（函数列）を係数にした冪級数

である母函数は，数列の情報をすべて知っているのだ．たとえばルジャンドル多項式の母函数のように古くから知られていて手垢のついたものを「祖母函数」と呼ぶこともある……というのは冗談だ．信用しないで欲しい．この冗談のクレジットは橋爪道彦氏にある．英語では generating function という味も素っ気もない名前だ．以前，「母函数」という術語は誰が使い始めたか調べようとしたことがある．しかし結局わからなかった．ご存知の方がいれば教えていただきたい．そう言えば楕円積分の "modulus" k のことを日本語では「母数」と言うのだった．これもなぜだろう．

さて我々の $F(x)$ を少し計算しよう．

$$F(x) = 1 + \sum_{n=1}^{\infty}\left(\sum_{k=0}^{n-1} C_k C_{n-1-k}\right)x^n$$
$$= 1 + x\sum_{n=0}^{\infty}\left(\sum_{k=0}^{n-1} C_k C_{n-k}\right)x^n$$
$$= 1 + xF(x)^2$$

今の計算の最後で，冪級数の積は係数の畳み込みに対応する，というフーリエ解析の基本的事実を用いた．$y = xF(x)$ と置けば $y^2 - y + x = 0$ という2次方程式が得られる．これを解いて

$$y = \frac{1 \pm \sqrt{1-4x}}{2}$$

となるが $x = 0$ のとき $y = 0$ なので，結局

$$y = \frac{1 - \sqrt{1-4x}}{2}$$

である．

もう少し計算を続けよう．一般2項定理というのがある．数学科の学生でこれを知らなければ「モグリ」と言われてもしょうがない，という代物だ．

$$(1+x)^\alpha = \sum_{n=0}^{\infty}\binom{\alpha}{n}x^n$$

が任意の実数 α に対して成り立つのである．α が自然数でなければ右辺が無限級数なので，収束するのしないのといった議論が必要になる．収束半径は1だ．また2項係数を定義し直さないといけない．

$$\binom{\alpha}{n} = \frac{\Gamma(\alpha+1)}{\Gamma(n+1)\Gamma(\alpha-n+1)} = \frac{\alpha(\alpha-1)\cdots(\alpha-n+1)}{n!}$$

とするのだ．ここで $\Gamma(z)$ はガンマ函数である．α が自然数のときには，もちろん高校で習う組合せの数に等しくなる．また，たとえば $\alpha = -1$ の場合に計算すれば

$$\binom{-1}{n} = \frac{(-1)(-2)\cdots(-n)}{n!} = (-1)^n$$

であり，等比級数の和の公式

$$\frac{1}{1+x} = \sum_{n=0}^{\infty} (-1)^n x^n$$

が出てくる．収束半径が 1 であることを知りつつも $x = 1$ を入れてみると

$$1-1+1-1+1-\cdots = \frac{1}{2}$$

という際立った等式がでてくる．中学生の頃，この等式について「オイラーという数学者はこんな間違いを犯しました」と本で読んだ記憶がある．実はオイラーは間違えてなんかいない．この「公式」は立派に正当化されるのだ．たとえば[12]などを参照されたい．また $\alpha = \dfrac{1}{2}$ ならば

$$\binom{\frac{1}{2}}{n} = \frac{\frac{1}{2}\left(\frac{1}{2}-1\right)\cdots\left(\frac{1}{2}-n+1\right)}{n!} = (-1)^{n-1}\frac{(2n-3)!!}{2^n(n!)}$$

がわかる．ここでビックリマーク二つ "!!" は「一つおきに積を取る階乗」という意味だ．これを用いれば

$$\sqrt{1-4x} = 1-2x-\sum_{n=2}^{\infty} \frac{2}{n}\binom{2n-2}{n-1}x^n$$

となる．したがって

$$y = x+\sum_{n=2}^{\infty} \frac{1}{n}\binom{2n-2}{n-1}x^n$$

がわかる．カタラン数 C_n は y の x^{n+1} の係数だから

$$C_n = \frac{1}{n+1}\binom{2n}{n}$$

が証明された．

　寺尾宏明氏に感謝したい．本講は彼の高校生向けの講演原稿[13]と昔の記事

[14]を参考にした．また山上滋氏の優れた解説[15]も楽しめると思う．

今回，可換性のところで例に挙げた「ズボンとパンツとスカート」の話は以前『数学セミナー』に連載したエッセイ「北の街から96」にも登場していた．こういうことはよく覚えている．講義を受けた学生から「意味は忘れたけれどパンツが出てきたのが面白かった」などと言われてムッとするのだが，いい勝負だ．もう一つ．冗談にも進歩がないことおびただしい．では私の数学はこの間に少しは進歩しているのか？　そう願いたいものだ．

私はカタラニアでは決してないのだが，もう少し語ることがある．第3講もカタラン数を続けよう．

カタラン数(その2)

樹木を数える

　本講はいささか面倒で読みにくくなることを恐れる. カタラン数の続きなのだが, そして組合せ論的な意味は明解なのだが証明が複雑だ. これは数年前にある大学の学部生向け集中講義のために準備したもので, 基本的な参考文献は[16]である.

　頂点 r を根とする樹木(rooted tree)が与えられたとき, その頂点 v の"レベル"を, r から v にいたる唯一の経路の長さ, すなわち通過する頂点の個数として定義する. ただし r のレベルは0とする. 根つき樹木は根から葉方向に向きがついていると考えられることを思い出そう. 頂点から辺が「出ている」とは向きを考えて, その頂点を出発点とする辺があることを意味する.

　三つの自然数 $k \geqq 1$, $m \geqq 1$, $n \geqq 0$ に対して"位数 n の (k, m)-分樹木$((k, m)$-ary tree of order $n)$"を次の条件を満たす樹木 T として定義する.

　　（1）　偶数レベルの頂点からは k 本の辺が出ている.
　　（2）　奇数レベルの頂点からは m 本, あるいは0本の辺が出ている.
　　　　　そして m 本の辺が出ている頂点の個数は全体でちょうど n 個.

　一回読んだだけではわからないかも知れない. このような組合せ論的な対象を言葉だけで納得するのは至難の業だ. 唐突に思い出したことがあるので, 忘れないうちに書いておこう. 先日, 生物学科の1年生から「先生の使う日本語が難しすぎる」と言われた. 何を指しているのかわからなかった.「まごうかたなき」とか「あにはからんや」とかを頻繁に使うわけではない. そもそも難しい日本語を私が使えるはずがない. たとえば「存在する」だ. 数学ではこの

言葉は当たり前に使うが，日常用語ではない．普段のお喋りでは「ある」だろう．書き言葉ですらたとえば携帯メールで使うとは思えない．「任意」にしろ「存在する」にしろ，このような語法が数学を必要以上に難しく感じさせているとしたら不本意だ．だからといって変えるつもりは毛頭ない．学問にはそれに相応しい言葉遣いがあってしかるべきだ．

　さて図 3-1 は位数 3 の $(3,2)$-分樹木の例である．

　位数 n の (k,m)-分樹木の全体を $J_{k,m}(n)$ と書くことにしよう．簡単なクイズを一つ．$J_{k,m}(n)$ の頂点の個数はいくつか？　偶数レベルの頂点が $mn+1$ 個，奇数レベルの頂点が $(mn+1)k$ 個，合わせて $(mn+1)(k+1)$ 個が答えである．今回の主定理は次の通りである．

●定理 3-1 ────────────────────────

$$|J_{k,m}(n)| = \frac{1}{mn+1}\binom{(mn+1)k}{n}.$$

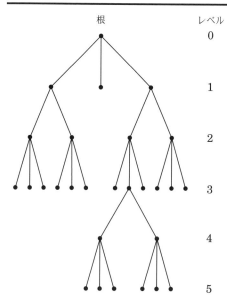

根　　　　　　　レベル
　　　　　　　　0

　　　　　　　　1

　　　　　　　　2

　　　　　　　　3

　　　　　　　　4

　　　　　　　　5

図 3-1 ●位数 3 の $(3,2)$-分樹木の例

ラグランジュの反転公式

　この定理を証明するために「ラグランジュの反転公式」を用いる．実は主定理そのものよりこちらの反転公式を述べる方に主眼がある．教科書にはあまり登場しないように思われるこの反転公式を私はここで初めて学んだ．［10］に詳しく書かれている．そもそもラグランジュ（Joseph-Louis Lagrange 1736-1813）という数学者についてわれわれはどのくらい知っているのだろうか？　18 世紀後半に活躍し，解析力学を創始した，という程度の認識しか私は持っていなかった．まあ「ラグランジアン」という言葉ぐらいは知っていた．『数学辞典』（第 4 版，岩波書店）によれば，彼の業績には代数的色彩の強いものが多いそうだ．群論の初歩で習う

$$|G| = (G:H)|H|$$

という当たり前の事実は，時にラグランジュの定理と呼ばれる．しかし，ラグランジュが「当たり前」のことをやったわけではない．現在の整理された群論を習うから当たり前なのである．ラグランジュの時代にはまだ群論は整備されていなかった．そしてラグランジュ自身が群の概念の確立に貢献している．もちろんアーベルとかガロアはもう少し後の時代だ．また，ラグランジュの補間法や条件つき極値問題におけるラグランジュの乗数法など，初等微分積分学での代数的トリックでその名前にお目にかかる．形式的冪級数によって微分積分学を基礎づけようと試みたらしい．ここで述べる反転公式はその面目躍如たるものだ．

　K を標数 0 の体とし，不定元 x の形式的冪級数全体のなすアーベル群 $K[[x]]$ を考える．定数項が 0 の形式的冪級数の全体 $xK[[x]]$ は「合成」でモノイドになる．すなわち

$$F(x) = a_1 x + a_2 x^2 + \cdots \in xK[[x]],$$
$$G(x) = b_1 x + b_2 x^2 + \cdots \in xK[[x]]$$

に対して

$$F(G(x)) = a_1(b_1 x + b_2 x^2 + \cdots) + a_2(b_1 x + b_2 x^2 + \cdots)^2 + \cdots$$

により積を定義するのである．単位元は明らかに $E(x) := x$ である．$G(x) \in xK[[x]]$ が $F(x) \in xK[[x]]$ の「合成逆」であるとは

$$F(G(x)) = G(F(x)) = E(x)$$

を満たすことと定義される. 逆数と区別するため $G(x) = F^{(-1)}(x)$ と書こう. このときもちろん $F(x) = G^{(-1)}(x)$ だ. つまり合成逆とは, 変数 x の函数と思ったときの「逆函数」のことである. 高校の題材だ.

まず簡単な命題からいこう.

●命題 3-2 ─────────────────────

$$F(x) = a_1 x + a_2 x^2 + \cdots \in xK[[x]]$$

が合成逆を持つための必要十分条件は $a_1 \neq 0$ である. このとき合成逆

$$F^{(-1)}(x) \in xK[[x]]$$

は一意的に決まる. また

$$G(x) = b_1 x + b_2 x^2 + \cdots \in xK[[x]]$$

が $F(G(x)) = x$ または $G(F(x)) = x$ を満たせば

$$G(x) = F^{(-1)}(x)$$

である.

証明は簡単だ. 等式 $F(G(x)) = x$ をその係数たちの無限連立方程式と思うことができる. 最初のいくつかを書き下せば次のようになる.

$$a_1 b_1 = 1,$$
$$a_1 b_2 + a_2 b_1^2 = 0,$$
$$a_1 b_3 + 2a_2 b_1 b_2 + a_3 b_1^3 = 0,$$
$$\vdots$$

$a_1 b_1 = 1$ が b_1 について解けるための必要十分条件はもちろん $a_1 \neq 0$ である. このとき 2 番目の方程式が b_2 について解ける. さらに b_3 が求められる. 以下同様.

この命題をもとにしてラグランジュの反転公式を証明しよう. 記号を準備する. 形式的冪級数

$$F(x) = a_0 + a_1 x + a_2 x^2 + \cdots$$

に対して x^n の係数を $[x^n]F(x) = a_n$ と書く.

●定理 3-3

$$F(x) = a_1 x + a_2 x^2 + \cdots \in xK[[x]]$$

において $a_1 \neq 0$ とする．このとき $k, n \in \mathbb{Z}$ に対して

$$n[x^n]F^{(-1)}(x)^k = k[x^{-k}]F(x)^{-n}$$

が成立する．

●証明

$$F^{(-1)}(x)^k = \sum_{i \geq k} p_i x^i, \qquad p_i \in K$$

と置く．このとき $F^{(-1)}(F(x)) = x$ より

$$x^k = F^{(-1)}(F(x))^k = \sum_{i \geq k} p_i (F(x))^i$$

がわかる．この両辺を x で微分することにより

$$\frac{kx^{k-1}}{F(x)^n} = \sum_{i \geq k} i p_i F(x)^{i-n-1} F'(x)$$

を得る．左辺を展開すると

$$\frac{kx^{k-1}}{(a_1 x + a_2 x^2 + \cdots)^n} = \frac{kx^{k-n-1}}{(a_1 + a_2 x + \cdots)^n}$$

$$= k a_1^{-n} x^{k-n-1} \left(1 - \frac{a_2}{a_1} x - \cdots\right)^n$$

となる．一方，右辺（RHS）は

$$F(x)^{i-n-1} F'(x) = \frac{1}{i-n} \frac{d}{dx}(F(x)^{i-n})$$

なので，その留数を考えれば

$$[x^{-1}](\mathrm{RHS}) = [x^{-1}] n p_n \frac{F'(x)}{F(x)}$$

$$= [x^{-1}] n p_n \left(\frac{a_1 + 2a_2 x + \cdots}{a_1 x + a_2 x^2 + \cdots}\right)$$

$$= n p_n$$

である．ここで基本的事実：任意の形式的ローラン級数 $G(x)$ に対してその微分の留数はゼロ，

$$[x^{-1}]G'(x) = 0$$

を使った．以上により

$$[x^{-1}]\frac{kx^{k-1}}{F(x)^n} = np_n = n[x^n]F^{(-1)}(x)^k,$$

すなわち

$$k[x^{-k}]\left(\frac{1}{F(x)}\right)^n = n[x^n]F^{(-1)}(x)^k$$

がわかった.

複素函数論から

　ここではスタンレイの本[10]に従って代数的，組合せ論的な証明を与えたが，設定を制限して正則函数のカテゴリーで考えれば，この定理はコーシーの積分公式および留数定理からの自然な帰結となる．少しだけ説明しよう．$k = 1$ の場合に，解析的なややこしい条件は適当につけることにして，形式的な計算だけをお見せする．函数論らしく変数を z で書くことにして，正則函数 $f(z)$ が $f'(0) \neq 0$ を満たすとしよう．原点 $z = 0$ の近傍における $f(z)$ の逆函数を $g(z)$ とする．コーシーの積分公式から

$$z = \frac{1}{2\pi i}\int_c \frac{\zeta f'(\zeta)}{f(\zeta) - f(z)}d\zeta$$

となる．被積分函数を $w = f(z)$ についてテイラー展開すると

$$\frac{\zeta f'(\zeta)}{f(\zeta) - f(z)} = \frac{\zeta f'(\zeta)}{f(\zeta)}\left(1 + \frac{w}{f(\zeta)} + \left(\frac{w}{f(\zeta)}\right)^2 + \cdots\right)$$

となるので，項別積分により，$n = 1, 2, \cdots$ に対して

$$n[w^n]g(w) = \frac{1}{2\pi i}\int_c \frac{n\zeta f'(\zeta)}{f(\zeta)^{n+1}}d\zeta$$

が得られる．さらにこの右辺の被積分函数は

$$\frac{n\zeta f'(\zeta)}{f(\zeta)^{n+1}} = \frac{1}{f(\zeta)^n} - \frac{d}{d\zeta}\left(\frac{\zeta}{f(\zeta)^n}\right)$$

となり，第2項の積分は消えてしまう．したがって

$$n[w^n]g(w) = \frac{1}{2\pi i}\int_c \frac{1}{f(\zeta)^n}d\zeta$$

である．この右辺は $f(z)^{-n}$ の $z = 0$ における留数なので

$$n[w^n]g(w) = [z^{n-1}]\left(\frac{z}{f(z)}\right)^n = [z^{-1}]\left(\frac{1}{f(z)}\right)^n$$

を得る．『解析概論』[17] にはこのような証明が書かれている．

定理 3-1 の証明

定理 3-3 を使う形に言い換えたものが次の定理である．

●定理 3-4

$G(x) \in K[[x]]$ が $G(0) \neq 0$ を満たすとする．もし $f(x) \in xK[[x]]$ が $f(x) = xG(f(x))$ を満たせば，
$$n[x^n]f(x)^k = k[x^{n-k}]G(x)^n$$
である．さらに一般に $H(x) \in K[[x]]$ に対して
$$n[x^n]H(f(x)) = [x^{n-1}]H'(x)G(x)^n$$
である．

●証明

後半は係数を取る操作の「線型性」からわかる．そこで前半，すなわち $H(x) = x^k$ の場合を示そう．
$$F(x) := \frac{x}{G(x)} \in xK[[x]]$$
と置く．ここで条件 $G(0) \neq 0$ を用いた．$f(x) := F^{(-1)}(x)$ とすると
$$xG(f(x)) = \frac{xf(x)}{F(f(x))} = f(x)$$
がわかり，$f(x)$ は条件を満たす．つまり $f(x) = xG(f(x))$ という奇妙な条件は $f(x) = F^{(-1)}(x)$ ということにほかならないのである．定理 3-3 にあてはめれば結論を得る．

定理 3-1 の証明を述べよう．k, m を固定して $c_n := |J_{k,m}(n)|$ と置く．$c_0 = 1$，$c_1 = k$ がすぐにわかる．例によって母函数を考える．
$$C(x) = \sum_{n=0}^{\infty} c_n x^n = 1 + kx + \sum_{n=2}^{\infty} c_n x^n.$$

筋金入りの組合せ論屋は全単射証明を偏愛し，母函数を用いた証明を嫌うそうだ．私は軟弱なので母函数を使っても違和感を覚えない．

　さて $T \in J_{k,m}(n)$ とする．T から根を取り去ると k 個の部分樹木ができる．これを "森(forest)" と呼ぶ．さらに各部分樹木の根を無視して考えれば，各部分樹木は m 個の (k,m)-分樹木の順序組になっていることがわかる（図 3-2）．

　これを母函数の言葉で述べれば
$$C(x) = (1+xC(x)^m)^k$$
となる．そこで $f(x) := xC(x)^m$ と置くと，これは
$$f(x) = x(1+f(x))^{mk}$$
を満たすことがわかる．つまり $G(x) := (1+x)^{mk}$ に対して $f(x) = xG(f(x))$ である．さらに $H(x) := (1+x)^k$ と置けば定理 3-4 より
$$n[x^n]H(f(x)) = [x^{n-1}]H'(x)G(x)^n,$$
すなわち
$$n[x^n]C(x) = [x^{n-1}]k(1+x)^{k-1}(1+x)^{mnk}$$
がわかる．整理すれば
$$nc_n = k[x^{n-1}](1+x)^{mnk+k-1},$$
したがって

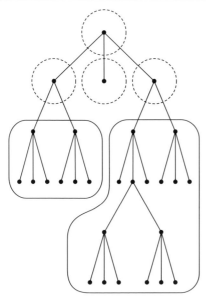

図 3-2 ●(3, 2)-分樹木の森

$$c_n = \frac{k}{n}[x^{n-1}](1+x)^{(mn+1)k-1}$$

$$= \frac{k}{n}\binom{(mn+1)k-1}{n-1}$$

$$= \frac{1}{mn+1}\binom{(mn+1)k}{n}$$

が出た．証明終わり．

　(k,m)-分樹木において $k=1$ とすると，それは偶数レベルを無視することに対応する．さらに $m=2$ とすれば，それは奇数レベルの頂点から出ている辺が2本ということなので $J_{1,2}(n) \equiv J_2(n)$ がわかる．定理 3-1 から

$$|J_2(n)| = |J_{1,2}(n)| = \frac{1}{2n+1}\binom{2n+1}{n} = \frac{1}{n+1}\binom{2n}{n}$$

となってカタラン数が無事に出てくる．だから[16]では定理 3-1 の数 c_n をカタラン数の一般化であると称しているが，それは明らかに言いすぎだ．素数の積を「一般化された素数」と呼ぶのに似ている．ちなみにこの術語は黒川信重氏から教わった．用語だけではなく，概念もむやみに一般化するべきではない，と吉田正章氏から言われたことがある．一般化することにより，理論が薄まってしまい，深みを失ってしまうことへの警鐘である．肝に銘じておきたい．

　本書はもとより厳密な数学的議論を旨としたものではないので気楽に読み飛ばして欲しい．代数学の教科書[19]を一冊だけ参考書として挙げておこう．[19]以外にも良書はたくさんある．いろいろ見て，借りて，買って，自分に合うものを探して欲しい．複素函数論に関しては[17]の第5章が今もって第一に推薦される．

　第3講の原稿を準備していて，ラグランジュという名前に敏感になった．[18]をパラパラ見ていて，またラグランジュの定理を見つけた．任意の自然数は平方数（$\geqq 0$）の四つの和で書ける，というものだ．次講は自然数を自然数の和で書く，すなわち分割について述べようと思う．

分割数と母函数

分割とヤング図形

　本講では分割数について述べよう．一応，私の得意とする分野ということになっているし，実際，大好きな話題だ．予備知識が少なくてすむので高校生向けの公開講座などで話すことも多い．オイラーに端を発することも手伝って参考文献もそれこそ掃いて捨てるほどある．ここでは絶対に捨ててはいけない野海正俊氏の著書[20]を挙げておこう．

　たとえば自然数 4 を自然数の和として書く方法は
$$4 = 3+1 = 2+2 = 2+1+1 = 1+1+1+1$$
の 5 通りである．ここで「成分」の順番の入れ替え 3+1 と 1+3 などは同じものとみなす．この状況を $p(4) = 5$ と表そう．一般に自然数 n を自然数の和として書いたものを n の「分割(partition)」と呼び，その個数 $p(n)$ を n の「分割数」と呼ぶ．成分の個数を分割の「長さ」と言う．分割を絵で表したものが有名な「ヤング図形」である．ヤング(Alfred Young 1873-1940)はイギリスの数学者だ．上に挙げた 4 の分割 $(4), (3,1), (2,2), (2,1,1), (1,1,1,1)$ をそれぞれ図 4-1 のように描く．別に黒丸●でも星印☆でもなんでも構わないのだが，あとでヤング図形に数字を入れたりする都合上，升目にしておいた方が便利だ．ちなみにイギリスや日本やアメリカではこのように第 4 象限に描くが，フランスでは分割を $(1,1,2)$ などと記して第 1 象限に描いて譲らない(図 4-2)．フランスは本の背表紙もアメリカなどと逆で，ブルバキのように「下から」が多い．ロシア流のヤング図形は斜めになっている．分割数 $p(n)$ は n 個の升目を持つヤング図形の個数のことだ．なお分割数の議論においては $p(0) = 1$ と約束する．その理由はすぐに明らかになるだろう．

n	0	1	2	3	4	5	6	7	8	9	10	11	12	13	14	15	16
$p(n)$	1	1	2	3	5	7	11	15	22	30	42	56	77	101	135	176	231

表 4-1 ●分割数

母函数

　まずはオイラーにしたがって分割数の母函数について述べるのが常道だ．い ま q を文字とする．数学では「不定元」と呼ぶことが多い．収束を考えない形 式的冪級数

$$\sum_{n=0}^{\infty} p(n)q^n$$

を問題にするのだが，その前に高校で習う等比級数の和の公式を思い出そう．

$$\frac{1}{1-q} = \sum_{n=0}^{\infty} q^n.$$

収束を考えるのであればもちろん $|q|<1$ でなければいけないが，形式的冪級 数なのでこのくらいの議論であれば，あまり神経質にならなくてもよいだろう． これを用いれば無限個の積について

$$\frac{1}{1-q}\cdot\frac{1}{1-q^2}\cdot\cdots\cdot\frac{1}{1-q^k}\cdot\cdots = \sum_{n_1=0}^{\infty} q^{n_1}\cdot\sum_{n_2=0}^{\infty} q^{2n_2}\cdot\cdots\cdot\sum_{n_k=0}^{\infty} q^{kn_k}\cdots$$

がわかる．右辺において q^n の係数はどうなっているか？　ここはじっくり考 えてみよう．

$$\sum_{n_k=0}^{\infty} q^{kn_k} = 1+q^k+q^{2k}+\cdots+q^{lk}+\cdots$$

の第 l 項である q^{lk} に縦が l，横が k の長方形のヤング図形を対応させる．わか りにくいかな？　$q^{lk}=q^{k+k+\cdots+k}$ と書き直して，肩の $k+k+\cdots+k$ を分割の部分 だと思うのだ．そうすれば全体の q^n をこしらえるときの組合せに長方形のヤ ング図形の組合せが対応する．つまり q^n の係数は $p(n)$ なのだ．したがって

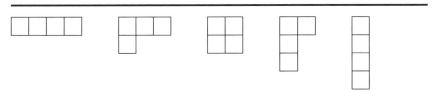

図 4-1 ●ヤング図形

図 4-2 ●フランス流ヤング図形

分割数の母函数がわかった.

$$\sum_{n=0}^{\infty} p(n)q^n = \prod_{k=1}^{\infty} \frac{1}{1-q^k}.$$

今後

$$\phi(q) := \prod_{k=1}^{\infty} (1-q^k)$$

とおいてこれをオイラー函数と呼ぼう. 逆数ではなくて $\phi(q)$ 自身の展開も「5角数定理」としてよく知られているが, これについては第5講に少し書こう. さらに詳しくは[20]や[21]を見られたい.

制限つき分割数

ここでは「制限つき分割数」に関する恒等式をいくつか挙げるにとどめよう. 最も有名なものは"奇数による分割数 $p^{\text{odd}}(n)$ とストリクトな分割数 $q(n)$ が等しい"というものである. 奇数による分割とは成分がすべて奇数のものをさす. たとえば $n=4$ の奇数による分割は $(3,1),(1,1,1,1)$ の二つである. すなわち $p^{\text{odd}}(4)=2$. またストリクトな分割(または狭義の分割)とは成分がすべて相異なるものをさす. $n=4$ ならば $(4),(3,1)$ の二つだ. オイラーが示したのは, すべての自然数 n について $p^{\text{odd}}(n)=q(n)$ ということだ.

母函数を用いた証明を与えよう. 上に述べた分割数の母函数がきちんと理解されていれば

$$\sum_{n=0}^{\infty} p^{\text{odd}}(n)q^n = \prod_{k=1}^{\infty} \frac{1}{1-q^{2k-1}}$$

および

$$\sum_{n=0}^{\infty} q(n)q^n = \prod_{k=1}^{\infty} (1+q^k)$$

がわかると思う. ここもじっくりと考えて欲しい. 初めは戸惑うが慣れてくると本当に「自明」に思えてくるから不思議だ. 代数学で剰余群に触れたときのようなものだ. 教える側はすっかり「喉元を過ぎてしまった」ので, 学生がどこで「熱さ」を感じるかがわからなくなっている.「すべての n」について $p^{\text{odd}}(n)=q(n)$ を示したいのだからこの母函数同士が等しいことを証明すればよい. ところがこれは中学校の数学だ.

$$\prod_{k=1}^{\infty}(1+q^k)=\prod_{k=1}^{\infty}\frac{1-q^{2k}}{1-q^k}=\prod_{k=1}^{\infty}\frac{1}{1-q^{2k-1}}$$

というわけであっという間に証明がすんでしまった．野海氏の著書[20]でも言及されているように，このトリックは「全単射証明」をも示唆している．つまり奇数による分割全体の集合とストリクトな分割全体の集合の間に全単射を構成して証明することもできる．わかってしまえば簡単だ．$\lambda=(\lambda_1,\lambda_2,\cdots,\lambda_l)$ をストリクトな分割（ヤング図形）とするとき偶数の成分 $\lambda_i=2^m k$（k は奇数）を $(k,k,\cdots,k)$ のように k が 2^m 個縦に並んだヤング図形に置き換えて，奇数による分割（ヤング図形）を作ればよい．これは「グレイシャー対応」と呼ばれるものだ．

以前，三重県の高校生向け公開講座で分割数の話をしたことがある．講演の最後に研究課題として，上の全単射証明を考えよ，という問題を出した．高校生には当分できないだろうと高をくくっていたのだが，すぐに「できました」と私の方を見る生徒がいる．彼は私の講演中，聴いているのかいないのか，ずっと机に突っ伏していたのだ．しかしノートには完璧な答えが書かれていた．それが当時中学3年生の片岡俊基君だった．彼の数学オリンピックでの活躍は皆の知るところである．もう一つ忘れないうちに書いておこう．オイラーの結果は岩波書店の『数学公式Ⅱ』87ページにも触れられているがそこの記述には誤りがある．

ここで対称群のモジュラー表現論に端を発する用語を定義する．r を2以上の自然数とする．分割 $\lambda=(\lambda_1,\lambda_2,\cdots,\lambda_l)$ は $\lambda_i=\lambda_{i+1}=\cdots=\lambda_{i+r-1}$ とはならないとき「r-正則」であると言われる．2-正則分割とはストリクトな分割にほかならない．数学ではそのときどきで都合の良い性質を「正則（regular）」と呼んでしまう癖がある．正則行列，正則函数，正則空間，正則表現，等々．具合が悪いと誰もが感じているが，いまさらどうにもならない．

閑話休題．分割を $\lambda=(1^{m_1},2^{m_2},\cdots)$ のように表記する場合がある．λ が1という成分を m_1 個持ち，2という成分を m_2 個持ち，…と言う意味だ．よく知られているように対称群 $\mathfrak{S}_n$ の共軛類は，置換を共通する文字を持たない巡回置換の積として書いたときの括弧の構造，すなわちサイクルタイプで決まる．長さ1の巡回置換が m_1 個，長さ2の巡回置換が m_2 個，…の共軛類が n の分割 $\lambda=(1^{m_1},2^{m_2},\cdots)$ に対応するのだ．分割 $\lambda=(1^{m_1},2^{m_2},\cdots)$ は r の倍数 i に対し

て $m_i = 0$ を満たすとき「r-類正則」であると言われる．2-類正則分割とは奇数による分割にほかならない．有限群論では位数が r で割り切れないような元のことを「r-正則元」と呼ぶ．共軛な2元は位数が等しいから「r-正則類」という語も意味を持つ．r-正則類を与える分割が r-類正則だ．通常は r を素数に限定する．

さて，上で考えたオイラーの定理は自然数 r に対しても成立する．つまり r-正則な n の分割の個数を $q^{(r)}(n)$，r-類正則な n の分割の個数を $p^{(r)}(n)$ とおけば，すべての自然数 n に対して $p^{(r)}(n) = q^{(r)}(n)$ が成立する．母函数を用いた証明もグレイシャー対応も自然に一般化されるので各自確かめて欲しい．

分割数 $p(n)$ についてはいくつか目を見張るような性質が知られている．

    （1）　$p(5n+4)$ は常に5の倍数．
    （2）　$p(7n+5)$ は常に7の倍数．
    （3）　$p(11n+6)$ は常に11の倍数．

これらはみなインドが生んだ天才，ラマヌジャンにより発見されたものだ．保型函数論と密接な関係がある．[18]を参照されたい．そもそもオイラー函数 $\phi(q)$ そのものが「ほとんど」保型函数である．だからたとえば，アフィン・リー環の表現論においてウエイト空間の次元の母函数である「弦函数」が保型性を持ったりするのだ．本稿ではそんな大掛かりな数学を展開するつもりはない．私には荷が勝ちすぎる．制限つき分割数の話をもう少し続けることにしよう．

シューアの定理

n の分割割 $\lambda = (\lambda_1, \lambda_2, \cdots, \lambda_l)$ で各 λ_i が $6k \pm 1$ の形であるものの個数を $a(n)$，2-正則で，かつ3-類正則であるものの個数を $b(n)$，3-正則で，かつ2-類正則であるものの個数を $c(n)$ で表そう．それぞれの母函数は以下のようになる．

$$\sum_{n=0}^{\infty} a(n)q^n = \prod_{k \geq 1} \frac{1}{(1-q^{6k-1})(1-q^{6k-5})},$$

$$\sum_{n=0}^{\infty} b(n)q^n = \prod_{k \geqq 1} (1+q^{3k-1})(1+q^{3k-2}),$$

$$\sum_{n=0}^{\infty} c(n)q^n = \prod_{k \geqq 1,\,\mathrm{odd}} (1+q^k+q^{2k}).$$

結論はすべての自然数 n について

$$a(n) = b(n) = c(n)$$

である．母函数がわかっているので証明は形式的計算だけでできてしまう．

$$(1+q^k+q^{2k})(1-q^k) = 1-q^{3k}$$

であるから

$$\prod_{k \geqq 1,\,\mathrm{odd}} (1+q^k+q^{2k}) = \prod_{k \geqq 1,\,\mathrm{odd}} \frac{1-q^{3k}}{1-q^k} = \prod_{k \geqq 1} \frac{1}{(1-q^{6k-1})(1-q^{6k-5})}.$$

最後の等式は，自然数 m が奇数でありかつ 3 の倍数でないということは $m = 6k \pm 1$ であることからわかる．したがって $a(n) = c(n)$ がわかった．次に

$$\prod_{k \geqq 1} (1+q^{3k-1})(1+q^{3k-2}) = \prod_{k \geqq 1} \frac{(1-q^{2(3k-1)})(1-q^{2(3k-2)})}{(1-q^{3k-1})(1-q^{3k-2})}$$

$$= \prod_{k \geqq 1} \frac{(1-q^{6k-2})(1-q^{6k-4})}{(1-q^{3k-1})(1-q^{3k-2})}$$

$$= \prod_{k \geqq 1} \frac{1}{(1-q^{6k-1})(1-q^{6k-5})}$$

となり $a(n) = b(n)$ もわかる．以上はシューアの定理と呼ばれているものの一部，というかオマケである．シューアは 1926 年の論文で次のような制限つき分割数を考えた．

●定理 4-1 ―――――――――――――――――――――――――――

　$\lambda_i - \lambda_{i+1} \geqq 3$ であり，もし λ_i が 3 の倍数ならば $\lambda_i - \lambda_{i+1} \geqq 4$ となるような n の分割の個数を $d(n)$ とするとき，$a(n) = d(n)$.

　本講を準備するにあたり，いい機会だと思って『シューア全集』第 3 巻所収の "Zur additiven Zahlentheorie" と題する論文を読んでみた．8 ページあまりの掌編である．よく目にするシューアのいかめしい顔写真からは想像しにくい軽妙な作品という印象を持った．ただしタイトルは大袈裟すぎないだろうか．本書ではその証明を述べないでおこう．興味ある読者はぜひ，原論文に接して

欲しい.

ダーフィー正方形

　分割をヤング図形で描いたとき，図形的な操作を考えることがある．たとえば，行と列の役割を入れ替えるヤング図形の「転置」を思い浮かべよう．行列の転置と同じアイデアであり，したがって同じ記号 $^t\lambda$ を用いよう．行列と同じく「対称ヤング図形」も定義される(図 4-3)．

　ヤング図形は対称群や一般線型群の表現論で登場するが，転置も表現論的な意味を持つ．数列としての分割ではなくヤング図形を用いたことのメリットがちゃんとあるのだ．

　ここで問題.

●問題 4-2 ────────────────────

　升目の個数が n の対称ヤング図形の個数を $p^{\mathrm{sym}}(n)$ で，また n の相異なる奇数による分割の個数を $q^{\mathrm{odd}}(n)$ で表そう．このとき，すべての自然数 n について $p^{\mathrm{sym}}(n) = q^{\mathrm{odd}}(n)$ を示せ．

　全単射証明はたちまちできると思う．それではそれぞれの母函数はどうなっているか?

$$\sum_{n=0}^{\infty} q^{\mathrm{odd}}(n)q^n = \prod_{k=1}^{\infty}(1+q^{2k-1})$$

はすぐにわかるだろう．問題は $p^{\mathrm{sym}}(n)$ の母函数だ．一般にヤング図形に含まれる最大の正方形(の部分図形)を「ダーフィー正方形(Durfee square)」と呼ぶ．対称なヤング図形は $m \times m$ のダーフィー正方形の右側に長さが m 以下のヤング図形を付け加え，同じヤング図形の転置をダーフィー正方形の下に付け加え

図 4-3 ●(4, 2, 1) の転置 (3, 2, 1, 1) のヤング図形

ることによって得られる（図 4-4）.

したがって

$$\sum_{n=0}^{\infty} p^{\mathrm{sym}}(n)q^n = 1 + \sum_{m=1}^{\infty} \frac{q^{m^2}}{(1-q^2)(1-q^4)\cdots(1-q^{2m})}$$

となるのだが，ここもやはりじっくり考えてもらう必要がありそうだ.

次のようなことも知られている.

●定理 4-3

n の分割 $\lambda = (\lambda_1, \lambda_2, \cdots, \lambda_l)$ で，どの成分 λ_i も 2 でなく，$\lambda_i - \lambda_{i+1} \geqq 6$ であり，もし λ_i が偶数ならば $\lambda_i - \lambda_{i+1} \geqq 7$ となるようなものの個数を $r(n)$ とおくとき $q^{\mathrm{odd}}(n) = r(n)$.

いささか複雑であるが，驚くのはこのような分割数の恒等式が 1999 年という「最近」になって得られている，という事実である. 自分でも何か新しい制限つき分割を見つけようと思っても見つかるものではないだろう. 表現論なり数理物理なりの数え上げをやっていて，偶然の産物として分割数の恒等式が見つかる，という方が自然だし望ましいことだ. そのような形で組合せ論が数学のいろいろな分野に関わるのが面白いのだと思う. 本書で扱う分割数やそれに類する話題はヒネコビタものかも知れない. しかしあえて，現代の数学においてさまざまな分野が交錯するその要に組合せ論的な素朴なアイデアが存在しているのだと思いたい. 本書がそういう組合せ論を学ぶきっかけになれば嬉しい.

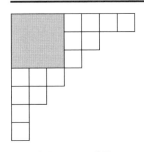

図 4-4 ●ダーフィー正方形

ヤコビの3重積公式

目標の式

　本講では分割，分割数の話には必ず登場する「ヤコビの3重積公式」を紹介し，あわせて証明もおこなう．有名な公式であり，いくつもの証明法が知られている．とりあえず[21]を基本的な教科書として挙げておく．

　ヤコビの3重積公式とは次のようなものである．

$$\prod_{n=1}^{\infty}(1-q^n)(1+zq^n)(1+z^{-1}q^{n-1}) = \sum_{m\in\mathbb{Z}}z^m q^{\frac{m(m+1)}{2}}. \qquad (*)$$

ここでzとかqは母函数の不定元である．もしこのような設定が生理的に受け入れられないのであれば，q, zは$|q| < 1$，$z \neq 0$を満たす複素数だと思って欲しい．そうすれば若干の議論により，両辺が収束することがわかる．$q = \exp(2\pi i \tau)$と書いてτが複素上半平面の点だと思えば，これがいわゆる「楕円テータ函数」にほかならない．ヤコビ初期の大作 *Fundamenta Nova*(1829)の主役である．この論文，正式にはもう少し長いタイトルだが通常このように呼ばれている．ヤコビ(Carl Gustav Jacob Jacobi 1804-1851)はポツダム生まれの数学者．楕円函数論をめぐるアーベルとの「大競争」の様子は[22]に描かれている．そこではヤコビは「精力絶倫なる活動家」と書かれている．

　私が初めてこの公式に接したのはもう40年以上も前のことである．当時，広島大学の大学院生だった私は脇本實氏のもとでカッツ-ムーディ リー環の勉強を始めていた．系統立ててしかるべき教科書を読む，という方法ではなく，たとえば指標公式をいろいろな場合に当てはめて計算し，さまざまな恒等式を導きだす，といった遊び半分の勉強である．「半分」ではなくて全部遊んでいるではないか，と言われても釈明できない．しかし誰だって遊びに疲れたら少しは別のことをしたくなる．数学の勉強ならば証明を読むとか，理論の細かいと

ころをチェックするとかいった作業をしはじめるものである．とにかくそんな調子で毎日を過ごしていた．将来のことを考えると決して悠長に構えてはいられなかったはずなのだが，まだまだ緊張感はなかったように思う．

カッツ–ムーディ リー環とは sl_2 などの有限次元単純リー環の無限次元化である．カルタン部分環やルートなどの枠組みが備わっている自然なクラスだ．現代の数学のいろいろな場面に登場する重要な対象なので拒絶反応を起こさないようにして欲しいと願う．しかし神保道夫氏の本[23]の前書きにも書かれているように，"学部学生向けに講義されることが比較的少ないにもかかわらず大学院では常識とされる"厄介な代物である．どうしても自分で教科書を読んで勉強せざるを得ない．カッツ–ムーディ リー環に関しては，谷崎俊之氏の[24]を，「そもそもリー環（リー代数）って何？」という読者に対しては佐藤肇氏の練習帳[25]を挙げておこう．[25]に関してはミスプリントとは言えない間違いも散見するが，小学校時代よく聞いた「みんながわかっているかどうか確かめるために，先生，わざと間違えました」のたぐいと思われる．

リー環速習

当初はルートとかワイル群を「無定義語」として使うつもりだったが，これらについて何らの予備知識もないと，分母公式云々の記述はわけが分からないだろう．そこで罪滅ぼしではないが，単純リー環 $\mathfrak{g} = sl_2$ や，もう少し一般に sl_n の場合に少し説明しよう．sl_n とはトレースがゼロの n 次複素行列全体のなすリー環である．カルタンの分類では A_{n-1} 型と呼ばれる．$n = 2$ の場合は具体的に

$$\mathfrak{g} = \mathbb{C}E \oplus \mathbb{C}H \oplus \mathbb{C}F$$

と書ける．ここで

$$E = \begin{pmatrix} 0 & 1 \\ 0 & 0 \end{pmatrix}, \qquad H = \begin{pmatrix} 1 & 0 \\ 0 & -1 \end{pmatrix}, \qquad F = \begin{pmatrix} 0 & 0 \\ 1 & 0 \end{pmatrix}$$

とおいた．積（リー括弧積）は $[A, B] = AB - BA$ で定義されている．$n = 2$ の場合に具体的に計算すれば

$$[H, E] = 2E, \qquad [H, F] = -2F, \qquad [E, F] = H$$

となる．この積を，A が B に作用する，と考えて $ad(A)B$ と書くこともある．ad は adjoint のことでこれを「随伴作用」と呼ぶ．さて $\mathfrak{g}$ の部分リー環 $\mathfrak{h}$ を対角行列の全体としよう．これは「可換」なリー環である．sl_2 では $\mathfrak{h} = \mathbb{C}H$ であり，その元 H の $\mathfrak{g}$ 上の随伴作用が対角化可能なことは，上の積の公式から明らかだ．つまり $\mathfrak{h}$ は $\mathfrak{g}$ の「カルタン部分環」である．この H の固有値を「ルート」と称するのである．より正確にはカルタン部分環の元 H に対して

$$ad(H)X = [H, X] = \alpha(H)X$$

となるゼロでない $X \in \mathfrak{g}$ が存在するとき，固有値 $\alpha(H)$ を与える $\mathfrak{h}$ 上の線型汎函数 α をルートと呼び，X をルート α に属するルートベクトルと呼ぶ．また汎函数ゼロは通例，ルートの仲間には入れない．リー環 sl_2 ではかえって見にくいが，

$$\alpha(H) = H \text{ の } (1,1) \text{ 成分} - H \text{ の } (2,2) \text{ 成分}$$
$$= 1 - (-1) = 2$$

とすればルートは α と $-\alpha$ である．$\mathfrak{g} = sl_n$ ではカルタン部分環は $n-1$ 次元である．$i < j$ なるペアに対して

$$\alpha_{ij}(H) = H \text{ の } (i,i) \text{ 成分} - H \text{ の } (j,j) \text{ 成分} \qquad (H \in \mathfrak{h})$$

とすればルートの集合は

$$\Delta = \{\pm\alpha_{ij} \,;\, i < j\}$$

となる．そして α_{ij} に属するルートベクトルは行列単位 E_{ij} で与えられることもわかる．$\mathfrak{g} = sl_n$ は「ルート空間分解」される．

$$\mathfrak{g} = \bigoplus_{i>j} \mathbb{C}E_{ij} \oplus \mathfrak{h} \oplus \bigoplus_{i<j} \mathbb{C}E_{ij}.$$

ルートベクトルが「右上にいる」場合，そのルートを「正である」ということに異存はないだろう．正確な定義はここでは与えないが，ルート全体の集合 Δ は正ルートと負ルートの二つの部分集合の和に分けられる．また

$$\alpha_i := \alpha_{i,i+1}, \qquad (i = 1, \cdots, n-1)$$

とおけばすべての正ルートは α_i たちの非負整数係数の和で書ける．その意味で α_i たちを「単純ルート」と呼ぶ．ルート全体の集合 Δ に忠実に作用する群として「ワイル群」がある．きちんと定義するためにはさらなる準備が必要なのでここでは省略するが，$\mathfrak{g} = sl_n$ の場合のワイル群 W は n 次対称群 $\mathfrak{S}_n$ である．だから対称群に関する結果を述べるときに「A 型ワイル群」と偉そうに呼

んで，他のタイプへの一般化を匂わせることがよくある．ワイル群はリー環の表現論を統制する非常に強力な武器である．私が対称群に興味を持つ理由もまさにここにある．

　だいぶ脇道に逸れた．リー環の一般論を展開することは本意ではない．ルートと聞いて「やーめた！」と言われないための予防線だったのだが，本筋が見えなくなってしまったかも知れない．でも本論に戻る前にもう一言だけ老婆心．"リー環，特に sl_2 の有限次元表現論の基礎はきっちりと押さえておくことに，如くはない．線型代数の簡単な応用でありながら，世界が広がること，請け合いである."

分母公式をいじる

　カッツ–ムーディ リー環の表現論で最も基本的な公式が「ワイル–カッツの指標公式」である．そしてそれを自明表現に適用したものが「分母公式」だ．sl_n の分母公式は大学1年生でならう"ヴァンデルモンド行列式が差積に一致する"というものにほかならない．きちんと書こう．可換な変数 $x_1, \cdots, x_n$ に対して

$$\det(x_i^{j-1})_{i,j=1,\cdots,n} = \prod_{1 \le i < j \le n} (x_j - x_i)$$

が成り立つ，というものだった．左辺の行列式を定義に従って書けば単項式たちの n 次対称群 $\mathfrak{S}_n$ の元 σ を渡る交代和となる．ここでの $\mathfrak{S}_n$ はワイル群である．また右辺の $-(x_i - x_j)$ という因子は sl_n の正ルートに対応している．そう．分母公式とは，

　　　　　「ワイル群上の交代和」＝「正ルートに関する積」

というものなのだ．有限次元のリー環の場合はワイル群は有限群だし，ルートも有限集合だが，一般のカッツ–ムーディリー環ではどちらも無限集合になってしまう．したがって分母公式は

　　　　　「無限和」＝「無限積」

という恒等式になる．ここが面白いのだ．

　最も簡単な（無限次元）カッツ–ムーディ リー環である $A_1^{(1)} = \widehat{sl_2}$ とは「ループ代数」

$$sl_2 \otimes \mathbb{C}[t, t^{-1}]$$

の1次元の「中心拡大」として得られる．その分母公式は

$$\prod_{n=1}^{\infty} (1-u^n v^n)(1-u^{n-1}v^n)(1-u^n v^{n-1})$$

$$= \sum_{m \in \mathbb{Z}} (-1)^m u^{\frac{m(m-1)}{2}} v^{\frac{m(m+1)}{2}} \qquad (**)$$

という形になる．

　$A_1^{(1)}$ の単純ルートは通常 α_0, α_1 と書かれる．α_1 は sl_2 の単純ルートそのものだ．また $\delta = \alpha_0 + \alpha_1$ は「基本虚ルート」と呼ばれ，カッツ-ムーディ リー環の表現論で重要な役割を果たす．これを用いると $A_1^{(1)}$ の正ルートの集合は

$$\{n\delta, n\delta - \alpha_0, n\delta - \alpha_1 ; n \geqq 1\}$$

と書ける．(**)式の左辺が正ルートに関する積だ，ということが見て取れるだろう．$A_1^{(1)}$ のワイル群は無限2面体群 D_∞ で，この元に関する和が(**)式の右辺だ．適当な変数変換により(**)式がヤコビの3重積公式(*)にほかならないことがわかる．つまり古典的なテータ函数の公式がカッツ-ムーディ リー環の分母公式として再登場したのである．このようなことがカッツ-ムーディ リー環の表現論の研究に拍車をかけた．1970年代のことである．リー環の対応を替えることによりさまざまな恒等式が面白いように導きだされるのだ．たとえば $A_2^{(2)}$ 型のリー環の分母公式からは「ワトソンの5重積公式」なるものが出てくる．

　ここでは話をヤコビの3重積公式に限って，これをもう少しいじってみよう．冒頭の式(*)において q を q^3，z を $-q^{-1}$ で置き換えると

$$\prod_{n=1}^{\infty} (1-q^{3n})(1-q^{3n-1})(1-q^{3n-2}) = \sum_{m \in \mathbb{Z}} (-1)^m q^{\frac{m(3m-1)}{2}}$$

となる．左辺はオイラーの函数

$$\phi(q) = \prod_{n \geqq 1} (1-q^n)$$

にほかならない．右辺は最後に m と $-m$ を入れ替えて書いておいた．冪として登場する数 $\frac{m(3m-1)}{2}$ は m が正整数のとき「5角数」と呼ばれる．だからこの公式を「5角数定理」という．オイラーによるもので非常に深い意味が感

じられる．組合せ論的な解釈もあるのだが，それについては[20],[21]などを参照して欲しい．

　次に(∗)で z を q^{-1} と置いてみよう．左辺 (LHS) と右辺 (RHS) をそれぞれ計算すると

$$\text{LHS} = \prod_{n=1}^{\infty}(1-q^n)(1+q^{n-1})(1+q^n)$$

$$= \prod_{n=1}^{\infty}(1-q^{2n})(1+q^{n-1})$$

$$= 2\prod_{n=1}^{\infty}(1-q^{2n})(1+q^n)$$

$$= 2\prod_{n=1}^{\infty}\frac{1-q^{2n}}{1-q^{2n-1}},$$

今の計算の最後に第4講の結果 $p^{\text{odd}}(n)=q(n)$ を用いた．一方

$$\text{RHS} = 1+\sum_{m=1}^{\infty}q^{\frac{m(m-1)}{2}}+\sum_{m=1}^{\infty}q^{\frac{-m(-m+1)}{2}+m}$$

$$= 2+2\sum_{m=1}^{\infty}q^{\frac{m(m+1)}{2}}$$

となる．したがって「ガウスの3角数定理」

$$\frac{\phi(q^2)^2}{\phi(q)} = \prod_{n=1}^{\infty}\frac{1-q^{2n}}{1-q^{2n-1}} = \sum_{m=0}^{\infty}q^{\frac{m(m+1)}{2}}$$

が得られた．さらに今度は(∗)において q を q^2，z を $-q^{-1}$ で置き換えれば「ガウスの4角数定理」

$$\frac{\phi(q)^2}{\phi(q^2)} = \prod_{n=1}^{\infty}\frac{1-q^n}{1+q^n} = \sum_{m\in\mathbb{Z}}(-1)^m q^{m^2}$$

が得られる．途中の計算は簡単なので読者に任せる．

　ついでだ．もうちょっとやろう．今度は少し手強い．まず(∗)を

$$\prod_{n=1}^{\infty}(1-q^{2n})(1-zq^{2n-1})(1-z^{-1}q^{2n-1}) = \sum_{m\in\mathbb{Z}}(-1)^m z^m q^{m^2}$$

と書き直してから z で微分しよう．

$$\frac{d}{dz}(\text{LHS})$$

$$= \prod_{n=1}^{\infty}(1-q^{2n})\left\{-(1-z^{-2})q\prod_{n=2}^{\infty}(1-(z+z^{-1})q^{2n-1}+q^{4n-2})+\cdots\right\}$$

となる．ここで $z \to q$ という極限操作をおこなおう．すると上で「…」でごまかした部分は嬉しいことに全部消えてしまう．つまり

$$\lim_{z \to q} \frac{d}{dz}(\text{LHS}) = \prod_{n=1}^{\infty}(1-q^{2n})(-q+q^{-1})\prod_{n=2}^{\infty}(1-q^{2n})(1-q^{2n-2})$$
$$= q^{-1}\phi(q^2)^3$$

である．一方，右辺については

$$\lim_{z \to q} \frac{d}{dz}(\text{RHS}) = \sum_{m \in \mathbb{Z}}(-1)^m m q^{m(m+1)-1}$$
$$= \sum_{m=0}^{\infty}(-1)^m(2m+1)q^{m(m+1)-1}$$

となるので，最後に q^2 を q と置き換えて

$$\phi(q)^3 = \sum_{m=0}^{\infty}(-1)^m(2m+1)q^{\frac{m(m+1)}{2}}$$

を得る．この恒等式もヤコビによるものらしい．リー環論的に見れば，これは $A_1^{(1)} = \widehat{sl_2}$ の分母公式を書き直したものだ．多少こじつけに思えるかも知れないが，左辺の冪 3 は $A_1^{(1)}$ の母体となっている単純リー環 sl_2 の次元である．そして右辺の $2m+1$ は sl_2 の既約表現の次元．さらに q の肩に乗っている $\frac{m(m+1)}{2}$ は，この既約表現の上での「カシミール作用素」の固有値である．こんなふうに眺めることによってこの公式はさらに深みを増す．「マクドナルドの恒等式」と総称される一連の公式群が生み出されるのである．

絵で証明

いつまでもこうやって遊んでいたいが，そろそろ(*)の証明を述べよう．まあ証明と言っても結構楽しい作業になる．

図 5-1 のような A コース，B コースの二つの走路を考えよう．絵のように A コースにはイー，スー，チー，…，$3m-2$，…，また B コースにはリャン，ウー，パー，…，$3m-1$，…のようにサイトに数をふっておく．そして次のよう

サイト

A	1	4	7	10	13	…	$3m-2$	…
B	2	5	8	11	14	…	$3m-1$	…

図 5-1 ●走路の絵

なゲームをおこなう.

（1）　最初のステップで1と2に1人ずつ乗る.
（2）　以後，一つのステップでどちらか一方が一歩ずつ右に進む.
（3）　同じサイトに2人が同時に入ることはできない.
（4）　1と2がともに空いているときには，1ステップとして新たな走者のペアが1と2に1人ずつ乗ることができる（図5-2）.

ステップごとに走者のいるサイトにふられている数の和は3だけ増えることに注意しよう. ここで次が興味深い.

●命題5-1 ─────────
n ステップ後の走者たちの状態（configuration）の個数は，n の分割数 $p(n)$ に等しい.

まずこの命題を証明する. n ステップ後の状態の全体を $B(n)$ で表す. またいつものように n の分割，すなわち升目の個数が n のヤング図形の全体を $P(n)$ で表そう. $B(n)$ から $P(n)$ への全単射を作ればよい. 一つの状態を固定する. 例で示そう. A コースには a_1, a_2，B コースには b_1, b_2 の2人が乗っている，という図である. これは $B(7)$ の元であることがわかるだろう（図5-3，次ページ）.

B コースの無限遠方から左に向かって走者の有無を見ていく. 2の位置まで

A	1	4	7	10	13	$\cdots$	$3m-2$	$\cdots$
	a_1							
B	2	5	8	11	14	$\cdots$	$3m-1$	$\cdots$
		b_1						

⇓

A	1	4	7	10	13	$\cdots$	$3m-2$	$\cdots$
	a_2	a_1						
B	2	5	8	11	14	$\cdots$	$3m-1$	$\cdots$
	b_2		b_1					

図5-2

来たら，今度は A コースに乗り移って 1 から右側に無限遠方まで走者を見る．B コースにおいては走者がいるサイトを「○」，走者がいないサイトを「●」と名付ける．逆に A コースでは走者がいるサイトが「●」，走者がいないサイトが「○」だ．そして先ほどコースを読んだ順に●と○を左から一直線に並べる．上の例では図 5-4 のようになる．これが「マヤ図形」と呼ばれるものだ．作り方から明らかに，十分左は●ばかり，十分右は○ばかりが並ぶことがわかるだろう．粒子●が真空状態からいくつか励起している状態を表している，と説明されることが多い．各●の左側にある○の個数を勘定して大きい順番に並べることにより，分割を読み取ることができる．上の例ではできあがる分割は $(3,3,1) \in P(7)$ となることがわかる．このようにして写像

$$\varphi : B(n) \longrightarrow P(n)$$

が定義されるが，これが全単射であることは見やすい．逆写像は以下のように作ればよろしい．分割 λ に対してまずマヤ図形を作る．これを「折り曲げて」A, B のコースにするわけだがどこで折るか？ 折る場所の右側の●の個数と左側の○の個数が等しくなるようにするのだ．あとは●と○をそれぞれ走者に置き直せばよい．以上の対応は本質的にヤング図形の「フロベニウス表示」だ．

今は「初期状態」としてコース上に走者がまったくいない場合を考えたが，初めから A コースに 1 から $3m-2$ まで，あるいは B コースに 2 から $3m-1$ まで隙間なく走者が m 人うまっている場合を考えることも可能だ．ちょうど「真空」を移動させることに対応している．そのときは最初のステップとしてコースの先頭にいる走者を一歩進ませることになる．以下のステップは同様だ．1 と 2 のサイトが両方空いている場合にのみ一つのステップとして新たな走者のペアが置けるのはこれまでと同様だ．このような一般的な初期状態でも，n

A	1	4	7	10	13	$\cdots$	$3m-2$	$\cdots$
		a_2	a_1				
B	2	5	8	11	14	$\cdots$	$3m-1$	$\cdots$
	b_2		b_1				

図 5-3 ● $B(7)$ の元．A コースに $(7,4)$，B コースに $(8,2)$

図 5-4 ● マヤ図形

ステップ後の状態全体と n の分割全体との間の全単射が同様に構成できる.

　A コース上の走者の数から B コース上の走者の数を引いた量を「電荷」と呼ぶ.電荷は初期状態のみで決まることに注意せよ.電荷が 0 のとき,n ステップ後の,走者のいるサイトにふられている数の和は,ちょうど $3n$ であることがわかる.さらに電荷が $m \geqq 1$ のときには,この数は $3n$ に

$$1+4+7+\cdots+(3m-2) = \frac{m(3m-1)}{2}$$

だけ加えた数,$m \leqq -1$ のときには

$$2+5+8+\cdots+(3(-m)-1) = \frac{m(3m-1)}{2}$$

だけ加えた数になる.以上により

$$\prod_{n=1}^{\infty}(1+zq^{3n-2})(1+z^{-1}q^{3n-1}) = \sum_{m \in \mathbb{Z}} A_m(q)z^m$$

と書いたとき,

$$A_m(q) = q^{\frac{m(3m-1)}{2}}\prod_{n=1}^{\infty}\frac{1}{(1-q^{3n})}$$

となることが証明された.この式を書き直せばヤコビの3重積公式になる.

　この証明で用いた走路の絵は $A_2^{(2)}$ 型のカッツ-ムーディ リー環の表現論で有効に使われる.そこでは「3-バーアバカス(3-bar abacus)」というちゃんとした術語が当てられている.ヤコビの3重積公式がいろいろな形でカッツ-ムーディ リー環と結びついているのは,今ではよく知られているが,やっぱり面白いことだなと思っている.

　博士課程に入っても分母公式や指標公式で遊んでばかりいる私を見かねた脇本氏は,ヴィラソロ代数の表現論で仕事ができることを示唆した.ヴィラソロ代数とはカッツ-ムーディ リー環の表現論にちょくちょく顔を出す「外様」のリー環である.カッツ-ムーディと相性がいいのか悪いのかよくわからないのだが,それ自体もおもしろいことこの上ない.「脇本-山田」として少しは知られている特異ベクトルの話は,このころできたものである.脇本氏から教えて

もらったものなのだが，私にとっては記念すべき共著論文である．この論文が
もとになって現在の私があると言って過言ではない．良き師と良き仲間に恵ま
れた私の大学院時代は本当に充実していたと思う．広島という適度に都会で適
度に田舎である街が，学生として数学の勉強をするのに最適だったのかも知れ
ない．「若かったね」とちょっぴりノスタルジーにひたるのは年寄りの特権で
ある．

ロジャーズ–ラマヌジャンの恒等式

ラマヌジャンと分割数

　本講について，当初は頭書の恒等式の紹介とともに，証明をも書こうと張り切っていた．第5講のヤコビの3重積公式が有効に使われるよい例だと考えたのだ．文献[26]に従ってロジャーズの証明(それはラマヌジャンの証明と本質的に同じものだ)を勉強したのだが，いささか長いし，もっと言えば退屈な作業になってしまい，『組合せ論プロムナード』には馴染まない．だから証明を書くことはあきらめて，相も変わらぬ閑話を続けることにする．興味ある読者はぜひ[26]を見て証明を追って欲しい.

　ラマヌジャン(Srinivasa Ramanujan 1887-1920)，その生涯や逸話についてはいくらでも本がある．たとえば[28]や[29]などが手に入りやすいだろう．私自身そういう話が決して嫌いではないが，ここは禁欲的になり一切を省略する．高校生相手の講座などでは「1729の話」は欠かせない．わずか32年あまりの生涯だったラマヌジャンの全集は一冊の本になっている．どんな数学者の全集も活用次第で宝物になり得るが，とりわけラマヌジャン全集の人気は高い．肌身離さず，という人も多いのではなかろうか．2007年に亡くなったセルバーグもその一人であったと聞く.

　分割数はラマヌジャンが生涯にわたって研究した題材である．組合せ論的な興味よりも保型函数との関連において仕事をしたようだ．特に分割数 $p(n)$ の合同関係式には異常なまでの執着心が感じられる．以前にも挙げたが

$$p(5n+4) \equiv 0 \pmod 5$$

などが有名だ．表を見ているだけで見つけられるのだろうか．必然性がないとなかなか着目しないところだろう．実はラマヌジャンは次の母函数を与えている.

$$\sum_{n=0}^{\infty} p(5n+4)q^n = 5\,\frac{\phi(q^5)^5}{\phi(q)^6}.$$

ここで $\phi(q)$ はいつものオイラーの函数だ. 右辺の展開を考えることにより, 上の合同関係式は自明になる. ラマヌジャン自身はこの母函数表示の証明を与えてはいない. しかしながらハーディは言う. "ラマヌジャンの公式の中でロジャーズ-ラマヌジャン（RR）より美しいものを挙げることは難しい. しかし RR においてラマヌジャンは『第 2 の位置』を占めている. 一つだけ選ばなければならないとするならば, 上の母函数表示を挙げよう." 人事案件での「ファースト・オーサー」じゃあるまいし, 妙なことを言う気もするが, まあ実際, RR は第一の R, すなわちロジャーズ(L. J. Rogers)によって見つけられ, ラマヌジャンの再発見はそれから 20 年後のことだそうだ.

ラマヌジャンの函数

じらすようで申しわけないが, RR の前にもう一つ, ラマヌジャンの重要な仕事について触れておきたい. いわゆる「ラマヌジャンの函数」の話だ. 詳しくは文献[26], [27]を参照されたい.

$$\Delta(q) := q\phi(q)^{24} = \sum_{n=1}^{\infty} \tau(n)q^n$$

により定まる整数 $\tau(n)$ をラマヌジャンの函数と呼ぶ. $\tau(1) = 1$, $\tau(2) = -24$ はすぐにわかる. 以下

$$\tau(3) = 252, \qquad \tau(4) = -1472, \qquad \tau(5) = 4830,$$
$$\tau(6) = -6048, \qquad \tau(7) = -16744, \qquad \tau(8) = 84480,$$
$$\vdots$$

と続く. ラマヌジャンの論文では, $\tau(30) = -29211840$ まで表になっている. それを見てすぐに気がつくことは「$\tau(n)$ はめったに奇数にならない」という事実だ. 私の手許には $n = 800$ までの表がある. 昔どこかの公開講座で話した際, 興味を持った聴衆の一人が, しばらくしてからコンピュータで作成してくれたものだ. 本講の準備がてら, 初めてその表をじっくりと眺めてみた. そうして「$\tau(n)$ が奇数になるのは n が奇数の 2 乗のときだけだろう」ということがわかった. もちろんよく知られていることだろうし, 証明も難しくはないと思

うが，私にとっては新しい事実であり，ちょっと嬉しかった．前節で述べたことと矛盾するかも知れないが，簡単な数表を眺めることからでも数学の研究は始まり得る．このことについてはある経験もお話ししたいが，それはいずれ．

さて，ラマヌジャンは $\tau(n)$ の「乗法性」，すなわち，互いに素な n と m に対して

$$\tau(nm) = \tau(n)\tau(m)$$

を予想した．さらには漸化式も書いている．素数 p と整数 $k \geqq 1$ に対して

$$\tau(p^{k+1}) = \tau(p)\tau(p^k) - p^{11}\tau(p^{k-1}). \tag{R}$$

これらは少し後にモデルによって証明されることになる．そしてそれはヘッケによる保型形式の壮大な理論の引き金になったのである．

さて次は驚愕の合同関係式だ．

（1）　$\tau(n) \equiv n\sigma_3(n) \pmod 7$,

（2）　$\tau(n) \equiv n^2\sigma_7(n) \pmod{27}$,

（3）　$\tau(n) \equiv \sigma_{11}(n) \pmod{691}$.

ただし，ここで右辺の $\sigma_k(n)$ は自然数 n の約数の k 乗和を表す．読者はいろいろ自分で実験してみられたい．たとえば「$\tau(n) \neq 0$ か？」という問題（Lehmer, 1947）は未解決らしい．

今度はディリクレ級数

$$\zeta_\Delta(s) = \sum_{n=1}^{\infty} \frac{\tau(n)}{n^s}$$

を考えよう．ここで s は複素数であるが，収束するかどうかわからないから，とりあえず形式的な級数ということにしておく．「どこの馬の骨かわからない」というわけだ．実際には $\Delta(q)$ の保型性を使って，s の実部が十分大きければ，たとえば $\Re(s) > 8$ ならば右辺は広義一様に絶対収束して正則函数を表すことが証明される．$\tau(n)$ の乗法性を用いれば，n を素因数分解することにより

$$\zeta_\Delta(s) = \prod_{p \in P}\left(\sum_{k=0}^{\infty} \frac{\tau(p^k)}{p^{ks}}\right)$$

と表される．ここで P は素数全体の集合とする．いま素数 p に対して

$$\psi_p(s) = \sum_{k=0}^{\infty} \frac{\tau(p^k)}{p^{ks}}$$

と置くならば，（R）を使った簡単な計算で

$$\psi_p(s) - \tau(p)\,p^{-s}\,\psi_p(s) + p^{11-2s}\,\psi_p(s) = 1$$

がわかる．したがって

$$\psi_p(s) = \frac{1}{1 - \tau(p)u + p^{11}u^2}$$

が得られた．ただしここで $u = p^{-s}$ と置いている．つまり $\zeta_\Delta(s)$ が「オイラー積表示」を持つことがわかったのである．

$$\zeta_\Delta(s) = \prod_{p \in P} \frac{1}{1 - \tau(p)u + p^{11}u^2}.$$

"分母の u に関する 2 次式が実根を持たない"，というのが有名な「ラマヌジャン予想」である．判別式を考えれば

$$|\tau(p)| < 2p^{-\frac{11}{2}}$$

が成り立つだろう，というものだ．賢人たちの努力により，この予想はヴェイユによる「合同ゼータ函数」の予想に帰着されることがわかった．そして 1974 年，ドリーニュによりヴェイユ予想が証明されるに至ってこのラマヌジャン予想も肯定的に解決したのである．（同胞よ，この辺りの数学を私に問い給うな．私は無責任に聞きかじりを書いているに過ぎない．自身に何ができるかを問い給え．） 2008 年夏に送られてきたプリンストン高等研究所のニュースレターには，ベルギーでドリーニュを記念する切手が発行されたことが報じられている．彼の写真とともに上の不等式がデザインされているのである．

　さて上の 2 次式の根（= 解）の一つを α_p としよう．極座標により

$$\alpha_p = e^{i\theta_p} p^{\frac{11}{2}} \qquad (0 < \theta_p < \pi)$$

と書ける．このとき "θ_p の分布は $\sin^2\theta$ に比例する" というのが，これまた有名な「佐藤予想」である．より正確に書けば，$0 < a < b < \pi$ なる任意の a, b に対して

$$\lim_{N \to \infty} \frac{|\{p \in P\,;\, p \leq N,\ a \leq \theta_p \leq b\}|}{|\{p \in P\,;\, p \leq N\}|}$$

$$= \frac{\int_a^b \sin^2\theta \, d\theta}{\int_0^\pi \sin^2\theta \, d\theta} = \frac{2}{\pi}\int_a^b \sin^2\theta \, d\theta$$

ということだ．これは現在に至るも未解決であると聞く．[30]において黒川信重氏は難易度☆☆と評価している．

2 差的分割数

さて本講の主題である「ロジャーズ–ラマヌジャン(RR)の恒等式」に移ろう．組合せ論的には，制限つき分割数の言葉で述べることができる．自然数 n の分割 $\lambda = (\lambda_1, \lambda_2, \cdots, \lambda_l)$ で「2 差的」，すなわち $i = 1, 2, \cdots, l-1$ について $\lambda_i - \lambda_{i+1} \geqq 2$ を満たすものの個数を $r_1(n)$ で表そう．またさらに「最後も 2 差的」，すなわち $\lambda_l \geqq 2$ をも満たすものの個数を $r_2(n)$ で表すことにする．もちろん $r_1(n) \geqq r_2(n)$ である．一応，表をお見せしよう(表 6-1)．

一方，自然数 n の分割 $\lambda = (\lambda_1, \lambda_2, \cdots, \lambda_l)$ で各 λ_i が 5 を法として 1 または 4 と合同であるもの，すなわち 5 で割ったときの余りが 1 または 4 であるようなものの個数を $s_1(n)$，また各 λ_i が 5 を法として 2 または 3 と合同であるものの個数を $s_2(n)$ で表すことにしよう．いつも通り $s_1(0) = s_2(0) = 1$ と約束する．これはどちらが大きいかはすぐにはわからないだろう．このとき次が成り立つ．

●定理 6-1(RR1) ─────────

　　すべての自然数 n に対して
$$r_1(n) = s_1(n), \qquad r_2(n) = s_2(n).$$

第 4 講で紹介した $p^{\text{odd}}(n) = q(n)$ におけるグレイシャー対応のような組合せ論的な証明が欲しいところだ．実際，いくつかは知られているようだが，どれもこれも煩雑で，論文をきちんと読んで理解しよう，という気が起こらない．ここでは母函数表示を考えよう．$s_1(n), s_2(n)$ の母函数はすぐにわかるはずだ．

$$\sum_{n=0}^{\infty} s_1(n) q^n = \prod_{m=1}^{\infty} \frac{1}{(1-q^{5m-1})(1-q^{5m-4})}$$

n	1	2	3	4	5	6	7	8	9	10	11	12	13	14	15	16	17	18	19	20
$r_1(n)$	1	1	1	2	2	3	3	4	5	6	7	9	10	12	14	17	19	23	26	31
$r_2(n)$	0	1	1	1	1	2	2	3	3	4	4	6	6	8	9	11	12	15	16	20

表 6-1 ● 2 差的分割数

$$\sum_{n=0}^{\infty} s_2(n)q^n = \prod_{m=1}^{\infty} \frac{1}{(1-q^{5m-2})(1-q^{5m-3})}$$

RR1 も「無限和 ＝ 無限積」という形で表されるのだが，無限和のサイドが若干わかりにくいと思う．今から説明しよう．長さがちょうど l であるような 2 差的分割 λ は，その土台となる「ちょうど 2 差的分割」

$$\varepsilon_l = (2l-1, 2l-3, \cdots, 3, 1)$$

のヤング図形の右側に長さが l 以下のヤング図形

$$\mu = (\mu_1, \mu_2, \cdots, \mu_l), \qquad (\mu_1 \geqq \mu_2 \geqq \cdots \geqq \mu_l \geqq 0)$$

を加えたもの，すなわち

$$\varepsilon_l + \mu = (2l-1+\mu_1, 2l-3+\mu_2, \cdots, 1+\mu_l)$$

として得られる．一つ例を図示しよう（図 6-1）．

λ に対して l と μ は一意的に決まる．ε_l のサイズが

$$1+3+\cdots+(2l-1) = l^2$$

であることを考え合わせれば，$r_1(n)$ の母函数が次のようになることがわかるだろう．

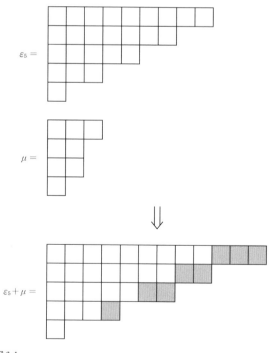

図 6-1

$$\sum_{n=1}^{\infty} r_1(n)q^n = \sum_{l=1}^{\infty} \frac{q^{l^2}}{(1-q)(1-q^2)\cdots(1-q^l)}.$$

右辺に関してもう少し説明が必要だろうか.

$$\frac{1}{(1-q)(1-q^2)\cdots(1-q^l)}$$

を展開すれば, 最大の成分 μ_1 が l 以下の分割 μ の個数が係数として現れることがわかると思う. ヤング図形の転置を考えれば, これは長さが l 以下のヤング図形の個数の母函数だ. そして, もとからある ε_l のサイズ l^2 を加えて, l に関する和をとれば, 2差的な分割の個数 $r_1(n)$ の母函数になる. これが右辺だ. 次に $r_2(n)$ を考察しよう. 「最後も2差的」なヤング図形は2差的なヤング図形に1列付け加えればできあがる. すなわち $1_l = (1,1,\cdots,1)$ という長さ l の分割を準備して, $\lambda = 1_l + \varepsilon_l + \mu$ と一意的に表示できる. したがって $r_2(n)$ の母函数は

$$\sum_{n=1}^{\infty} r_2(n)q^n = \sum_{l=1}^{\infty} \frac{q^{l^2+l}}{(1-q)(1-q^2)\cdots(1-q^l)}$$

となることがわかるだろう. 右辺の分子の冪が l だけずれるのは 1_l のサイズが加味されたからにほかならない. 以上をまとめると母函数表示としての RR が提示される.

●定理 6-2 (RR2)

$$1 + \sum_{n=1}^{\infty} \frac{q^{n^2}}{(1-q)(1-q^2)\cdots(1-q^n)}$$
$$= \prod_{m=1}^{\infty} \frac{1}{(1-q^{5m-1})(1-q^{5m-4})},$$
$$1 + \sum_{n=1}^{\infty} \frac{q^{n^2+n}}{(1-q)(1-q^2)\cdots(1-q^n)}$$
$$= \prod_{m=1}^{\infty} \frac{1}{(1-q^{5m-2})(1-q^{5m-3})}.$$

この恒等式の証明にヤコビの3重積公式が使われる, というわけである. 冒頭に述べたように証明は省略させてもらう. そのかわり, もう少しだけコメントを加えよう. 第4講で触れたことだが, 対称ヤング図形の個数 $p^{\mathrm{sym}}(n)$ と相

異なる奇数による分割の個数 $q^{\mathrm{odd}}(n)$ は等しいのだった．これを母函数により表示すると以下のようになる．

$$1+\sum_{n=1}^{\infty}\frac{q^{n^2}}{(1-q^2)(1-q^4)\cdots(1-q^{2n})}=\prod_{m=1}^{\infty}(1+q^{2m-1}).$$

$p^{\mathrm{sym}}(n)$ の母函数が左辺のようになることについては「ダーフィー正方形」というアイデアを使うのであった．ダーフィー正方形ではなくて3角形，すなわち「ちょうど1差的」な分割を土台にすると何が起こるだろうか．今

$$\delta_l=(l,l-1,\cdots,2,1)$$

という「階段」状のヤング図形を考える（図6-2）．これに長さが l 以下のヤング図形 μ を付け加えて「1差的」分割 $\lambda=\delta_l+\mu$ を作る．RR2での $r_1(n)$ の母函数とまったく同様の考えを用いれば，δ_l のサイズが $\dfrac{l(l+1)}{2}$ とあわせて

$$1+\sum_{n=1}^{\infty}\frac{q^{\frac{n(n+1)}{2}}}{(1-q)(1-q^2)\cdots(1-q^n)}=\prod_{m=1}^{\infty}(1+q^m)$$

を得る．q を q^2 で置き換えれば

$$1+\sum_{n=1}^{\infty}\frac{q^{n^2+n}}{(1-q^2)(1-q^4)\cdots(1-q^{2n})}=\prod_{m=1}^{\infty}(1+q^{2m})$$

となる．RR との驚くべき類似性に気がつくだろう．この二つの式はオイラーによるものだ．つまり RR よりはるか昔から知られていたものだ．逆に言えば，さすがのオイラーも RR にはたどり着けなかったのだ．

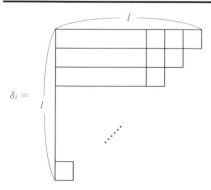

図6-2 ●階段ヤング図形

新しい数学へ

1979 年 11 月，q-級数の大家，ペンシルヴァニア大学のアンドリュースはオーストラリアの物理学者，バクスターから 1 通の手紙を受け取る（[31]）．"つい最近，私は 2 次元の統計物理学の模型である「ハードヘキサゴンモデル」を解くことができた．解には楕円函数が登場するが，これは珍しいことではない．しかし，今までの模型と違って今回は，はっきりテータ函数とは言えない q-級数がいくつか登場する．何も知らずに q^{80} まで実験的に計算して予想を得た．同僚の数学者の助けにより，これらがロジャーズ-ラマヌジャンの恒等式と呼ばれるものの仲間であるらしいことはわかったのだがまだ証明できない…．"別紙には，まるでラマヌジャンがハーディに宛てた手紙のように予想式が並んでいた．たとえば次のようなものだ．

$$\sum_{n=1}^{\infty} \frac{q^{n^2}}{(1-q)(1-q^2)\cdots(1-q^{2n-1})}$$
$$= q\prod_{m=1}^{\infty} \frac{1}{(1-q^{2m-1})(1-q^{20m-12})(1-q^{20m-8})}.$$

実際には，そのうちのいくつかは既にロジャーズによって発見されていたものであり，またいくつかはロジャーズの公式からの直接の帰結であった．だからバクスターが新しい恒等式を見つけた，という言い方は正しくない．しかしそれらが 2 次元統計物理学の模型に自然に現れる，ということを見いだした功績は計り知れない．RR を通して統計物理学がカッツ-ムーディ リー環と結びつき，さらに量子群や頂点作用素代数といった新しい代数を生み出し，要するに数学になった．昔の「数理物理」という言葉から連想されるものとはひと味違った新たな分野が誕生したのだ．

連分数

中原中也

　本講では連分数について述べよう．とはいえ，私はこれまで連分数について勉強したことも，仕事をしたこともない．もちろん連分数そのものは決して難しいものでも敷居が高いものでもないし，マニアが多いことも知っている．今まで私のスコープに入ってこなかっただけのことである．

　話は急に飛ぶが，2008 年に，山口，湯田温泉を初めて訪れた．通りのここかしこにある足湯や，有名な瑠璃光寺はもちろん印象的だったが，私にとって特に鮮烈だったのは中原中也記念館である．当地に生まれた中原中也は学業に優れ，有名中学に入学．しかし文学書に耽溺し成績は下がる一方．落第してしまって，結局京都の学校に転校した．京都で女優の長谷川泰子と同棲．東京に出てからは彼女をめぐって小林秀雄と確執があった．30 歳で夭折，云々．名前と「帽子をかぶった写真」しか知らなかった私にも，中原中也という詩人がにわかに身近に思えてきた．単純なので，記念館では彼の詩集なんぞを買い込んだ．これまで私の人生に詩というものは特段の位置を占めるものではなかった．別に遠ざけていたわけではないし，その気になればいつでも手の届くところにあったのに，なぜか縁がなかった．それが少し変わってきたと実感する．

　そう，私にとって連分数は中原中也なのである．組合せ論の本にはそぐわないかも知れない．実際，[32]などでは無理数の連分数展開が中心的な話題であり，やっぱり整数論なのである．そこは牽強付会，本書ではなんでも組合せ論だ，と言い張ることにする．野海正俊氏の本[20]を読んでいて，すでにオイラーが連分数を考察していることを知った．オイラーは[33]の第 18 章，冒頭で連分数の重要性について"この領域から無限解析において広大な利益がもたらされるであろうことに，疑いをはさむ余地はない"と明言している．

連分数入門

　今回の最終的な目標は「ロジャーズ–ラマヌジャン連分数」の等式であるが，まずは私自身が勉強した順に従って連分数入門といこう．連分数とは

$$f := b_0 + \cfrac{a_1}{b_1 + \cfrac{a_2}{b_2 + \cfrac{a_3}{b_3 + \cfrac{a_4}{\ddots}}}}$$

のような形をした「分数」である．「帯分数」で書くとわけがわからなくなるので避けたい．TeX で入力するのは面倒だし，また場所をとるので略記法がある．ここでは

$$f = b_0 + \frac{a_1}{b_1} + \frac{a_2}{b_2} + \frac{a_3}{b_3} + \cdots$$

のように書こう．[32]で使われている記法だ．慣れないと間違えやすいかも知れない．事実，[32]の私が持っている版ではこの記法を導入した次の行に早速ミスプリントがある．（現行の版では訂正がなされている．）　ほかにも

$$f = b_0 + \frac{a_1}{b_1} + \frac{a_2}{b_2} + \frac{a_3}{b_3} + \cdots$$

という記法がある．ヤング図形とマヤ図形の関係を連想させてくれて捨て難いが，ここでは使わないことにしよう．今回の記事のために私が参考にしたのは[34]という教科書だ．著者の 2 人は連分数を専門にしている数学者らしい．そういう人がいるのだ．この本では

$$f = b_0 + \underset{n=1}{\overset{\infty}{\mathbf{K}}} \left(\frac{a_n}{b_n} \right)$$

という記号が登場する．普遍的とは思えないが便利なので本講でも使わせてもらおう．有限の連分数も面白いが，ここでは主に無限連分数を考える．当然「収束」のことを気にしなければならない．「第 n 近似」，すなわち

$$f_n := b_0 + \frac{a_1}{b_1} + \frac{a_2}{b_2} + \cdots + \frac{a_n}{b_n} = b_0 + \underset{k=1}{\overset{n}{\mathbf{K}}} \left(\frac{a_k}{b_k} \right)$$

という有限連分数を考えて，数列 $\{f_n\}$ が収束するとき，連分数 f が収束する，

と定義する．例を挙げよう．

$$\underset{n=1}{\overset{\infty}{\mathrm{K}}}\left(\frac{6}{1}\right) = \frac{6}{1} + \frac{6}{1} + \frac{6}{1} + \cdots$$

について

$$f_1 = 6, \qquad f_2 = \frac{6}{7}, \qquad f_3 = \frac{6}{\dfrac{13}{7}} = \frac{42}{13}, \qquad \cdots$$

である．帰納法で一般に

$$f_n = (-6) \cdot \frac{(-3)^n - 2^n}{(-3)^{n+1} - 2^{n+1}}$$

がわかり，

$$f_n \to 2 \quad (n \to \infty)$$

という収束が示される．

　例をもう一つ．

$$(\sqrt{2}+1)(\sqrt{2}-1) = 1$$

だから

$$\sqrt{2} - 1 = \frac{1}{2 + (\sqrt{2}-1)} = \cfrac{1}{2 + \cfrac{1}{2 + (\sqrt{2}-1)}} = \cdots.$$

つまり

$$\sqrt{2} = 1 + \underset{n=1}{\overset{\infty}{\mathrm{K}}}\left(\frac{1}{2}\right)$$

が期待される．収束の議論をきちんとおこなえば正しい結果を与えるし，それ
は有名な $\sqrt{2}$ の連分数展開である．あえて収束のことをしつこく言っている．
「気にしなくていいんじゃないの」とお気楽な向きには次の例で注意を喚起し
よう．

$$(-\sqrt{2}+1)(-\sqrt{2}-1) = 1$$

を用いて，上と同じ計算をすれば

$$-\sqrt{2} = 1 + \underset{n=1}{\overset{\infty}{\mathrm{K}}}\left(\frac{1}{2}\right)$$

が出てしまう．気をつけないと足元をすくわれる，という見本みたいな例だ．
右辺が収束しない，と言っているのではない．収束の議論において極限値に制

限がつく，ということがあるのだ．

常微分方程式の解法に連分数が現れる場合がある．たとえば

$$y = 2y' + y''$$

を考えよう．両辺をどんどん微分して一般に

$$y^{(n)} = 2y^{(n+1)} + y^{(n+2)} \qquad (n \geqq 0)$$

を得る．これより

$$\frac{y^{(n)}}{y^{(n+1)}} = 2 + \cfrac{1}{\cfrac{y^{(n+1)}}{y^{(n+2)}}}$$

がわかり，したがって

$$\frac{y}{y'} = 2 + \cfrac{1}{2} + \cfrac{1}{2} + \cdots + \cfrac{1}{2} + \cfrac{1}{\cfrac{y^{(n+1)}}{y^{(n+2)}}}$$

が示される．ここで $\frac{1}{2}$ は（連分数の意味で）n 項ある．極限 $n \to \infty$ を考えれば

$$\frac{y}{y'} = 2 + \overset{\infty}{\underset{n=1}{\mathbf{K}}}\left(\frac{1}{2}\right) = \sqrt{2} + 1$$

が期待される．逆数をとって

$$\frac{y'}{y} = \sqrt{2} - 1$$

すなわち

$$y = C \exp(\sqrt{2} - 1)x$$

のように特殊解が求められる．常微分方程式と連分数の関係については今述べたようなことが，私の手許にあるインスの古典[35]に少しだけ触れられている．それによればオイラーは連分数をリッカチ方程式に応用したそうである．さもありなん．解の全体が射影直線になるなど，リッカチ方程式は代数的，組合せ論的な取り扱いに馴染むものだ．また，たとえば超幾何微分方程式の解析などには有効だろう．そこからソリトンや対称函数などの組合せ論的な対象への切り口が見えてくるかも知れない．可積分系との関係については[20]にも示唆されている．

一般の連分数

$$f = b_0 + \mathop{\mathbf{K}}_{n=1}^{\infty}\left(\frac{a_n}{b_n}\right)$$

に対してその第 n 近似 f_n は有限連分数なので，もちろん普通の分数で表される．そこで

$$f_n = \frac{A_n}{B_n}$$

と書きたい．このままでは A_n, B_n が一意的に決まるはずがないのでもう少しちゃんと定義しないといけない．初期条件を

$$A_{-1} = 1, \quad A_0 = b_0, \quad B_{-1} = 0, \quad B_0 = 1$$

とする．A_n および B_n は次の漸化式を満たさなければいけないことがわかる．

$$A_n = b_n A_{n-1} + a_n A_{n-2}, \quad B_n = b_n B_{n-1} + a_n B_{n-2}.$$

逆にこのような「一般フィボナッチ条件」を満たす 2 組の数列から $f_n = \dfrac{A_n}{B_n}$ を作ればそれが連分数を与える．"連分数はフィボナッチ型数列を生成する究極の枠組み"とは野海氏の言葉である（[20]）．第 n 分子 A_n と第 n 分母 B_n についてちょっと面白い行列式の関係式がある：

$$A_n B_{n-1} - A_{n-1} B_n = (-1)^{n-1} \prod_{k=1}^{n} a_k.$$

証明は帰納法による．$n = 1, 2$ では直接確かめられる．n で成立すると仮定しよう．

$$A_{n+1} B_n - A_n B_{n+1}$$

$$= (-1)^{n-1} b_n b_{n+1} \prod_{k=1}^{n} a_k + (-1)^{n-2} \prod_{k=1}^{n+1} a_k + a_n b_{n+1}(A_n B_{n-1} - A_{n-2} B_n)$$

となるが，右辺第 3 項をもう少し書き直すと

$$a_n b_{n+1}\{b_n(A_{n-1}B_{n-2} - A_{n-2}B_{n-1}) + a_n(A_{n-2}B_{n-2} - A_{n-2}B_{n-2})\}$$

となり，帰納法の仮定を用いて右辺第 1 項とキャンセルされることが見て取れる．これで証明が終わる．

ロジャーズ-ラマヌジャン連分数

さて本題のロジャーズ-ラマヌジャン連分数に移っていこう．文献[18]を参考にして形式的な議論を行うことにする．

$$T(q) := 1 + \mathop{\mathbf{K}}_{n=1}^{\infty} \left(\frac{q^n}{1} \right)$$

とおく. いつものように q は不定元と思ってもよいが, せっかく収束のことを問題にしたので, 今日は絶対値が 1 よりも小さい複素数としておこう. 十分大きな n については $|q^n| < \frac{1}{4}$ となるので, 「Worpitzky の定理」というものにより $T(q)$ が収束することが示される. この定理は [34] の 35 ページに載っている. "収束さえすればこっちのものだ" というわけでもないのだが, 少々粗っぽく料理しても大丈夫だろう, と一応安心するのである.

第6講のロジャーズ-ラマヌジャンの恒等式の「左辺」を思い出そう.

$$G(q) := 1 + \sum_{n=1}^{\infty} \frac{q^{n^2}}{(q \,;\, q)_n}, \qquad H(q) := 1 + \sum_{n=1}^{\infty} \frac{q^{n(n+1)}}{(q \,;\, q)_n}$$

とおく. ただしここで q-解析の記号

$$(a \,;\, q)_n := (1-a)(1-aq)(1-aq^2) \cdots (1-aq^{n-1}) \qquad (n = 1, 2, 3, \cdots)$$

を使った. 言わずもがなだが $(a \,;\, q)_0 := 1$ と定義しておく. また, 別の意味に用いられることがあるので避ける人も多いのだが, $a = q$ のとき, 簡単に $(q)_n = (q \,;\, q)_n$ と書かせてもらう. 今回のロジャーズ-ラマヌジャンの定理は次の恒等式である.

●定理 7-1 ————————————————————

$$T(q) = \frac{G(q)}{H(q)}.$$

誠に申しわけないが, この定理の組合せ論的な意味を私は述べられない. "まだまだ勉強不足だよ" とさっさと白状して, 厳しい同業者からの来るべき批判を右から左へ受け流す.

上の定理は次の「有限版」の極限 $n \to \infty$ として得られる. つまり有限版の方が偉いのだ.

●定理 7-2 ————————————————————
自然数 n を固定し,

$$\mu := \sum_{k=0}^{[(n+1)/2]} \frac{(q)_{n-k+1}q^{k^2}}{(q)_{n-2k+1}(q)_k}, \qquad \nu := \sum_{k=0}^{[n/2]} \frac{(q)_{n-k}q^{k(k+1)}}{(q)_{n-2k}(q)_k}$$

とおく．このとき

$$\frac{\mu}{\nu} = 1 + \mathop{\mathbf{K}}_{k=1}^{n}\left(\frac{q^k}{1}\right).$$

● **定理 7–2 の証明** ─────────────────────────────

自然数 r に対して

$$F_r := \sum_{k=0}^{[(n-r+1)/2]} \frac{(q)_{n-r-k+1}q^{k(k+r)}}{(q)_{n-r-2k+1}(q)_k}$$

とおく．つまり $\mu = F_0$, $\nu = F_1$ である．また $F_n = 1$, $F_{n-1} = 1 + q^n$ が簡単に確かめられる．一般に F_r の漸化式を導きたい．少し計算すると

$$F_r = 1 + \sum_{k=1}^{[(n-r+1)/2]} \frac{(q)_{n-r-k}q^{k(k+r)}}{(q)_{n-r-2k}(q)_k} \times \frac{1-q^{n-r-k+1}}{1-q^{n-r-2k+1}},$$

$$F_{r+1} = 1 + \sum_{k=1}^{[(n-r+1)/2]} \frac{(q)_{n-r-k}q^{k(k+r)}}{(q)_{n-r-2k}(q)_k} \cdot q^k$$

がわかる．途中に $\dfrac{1}{(q)_{-1}}$ が出てくるかも知れないがこれは 0 と定義しておく．したがって

$$F_r - F_{r+1} = \sum_{k=1}^{[(n-r+1)/2]} \frac{(q)_{n-r-k}q^{k(k+r)}}{(q)_{n-r-2k}(q)_k} \times \left(\frac{1-q^{n-r-k+1}}{1-q^{n-r-2k+1}} - q^k\right).$$

右辺を頑張っていじる．目標の式は

$$F_r - F_{r+1} = q^{r+1}F_{r+2}$$

である．読者諸氏の健闘を祈る．ここまで来ればしめたもんだ．

$$\frac{\mu}{\nu} = \frac{F_0}{F_1} = \frac{F_1+qF_2}{F_1} = 1 + \frac{q}{\dfrac{F_1}{F_2}}$$

$$= 1 + \frac{q}{\dfrac{F_2+q^2F_3}{F_2}} = 1 + \frac{q}{1+\dfrac{q^2}{\dfrac{F_2}{F_3}}} = \cdots.$$

こんな調子で続けていけば，最後に境界値に注意して結論を得る．

天津にて

　計算ばかりで組合せ論的な香りは希薄だった．ロジャーズ–ラマヌジャン恒等式の片割れが自然な形で登場するところが面白いと思うのだが，それが伝わったかどうか心もとない．私自身がまだきちんと理解していないのが弱いが，連分数が組合せ論や表現論に自然に溶け込むようになって欲しい．なにせラマヌジャンだ．[18]の著者，バーント氏には2007年，中国，天津での国際会議で初めてお会いした．彼は"Combinatorics(primarily partitions)in Ramanujan's Lost Notebook"というタイトルの招待講演で脇本實氏のカッツ–ムーディリー環から導出される公式に言及した．それを見ていたので，たまたま同じテーブルに着いた食事の際，"ラマヌジャンが得たことのうち，（ロジャーズ–ラマヌジャンのように）リー環論から解明される，あるいは関係がつくものは多いと思うか？"と質問した．"もちろんだ．どんどんやりたまえ"という返事を期待していたのだが，驚いたことに答えはノーだった．"ラマヌジャンの仕事はそんなに単純なものではない"のだそうだ．なんとも夢のない話ではないか．意地でも一つぐらい見つけたいものだ．

佐藤のゲーム

3山崩し

　ここ2講ほど話が難しくなりすぎたかも知れない．高校生にも読めるように少し軌道修正しよう．今回は再び石取りゲームを取り上げる．

　我が国を代表する数学者の1人，佐藤幹夫は1928年の生まれである．インタビューや折に触れて自らの数学を語った記録は[30]に収められている．ファン必携の一冊と言えよう．数学者に対して失礼ながら「ファン」という言葉を使わせていただいた．佐藤先生の数学に対する考え方，姿勢に共感する日本人数学者はきわめて多い．ひとたび講義などでその謦咳に接すれば，私も含め，たちまち「ファン」になってしまうのである．そのようなカリスマ的魅力を持った数学者だ．若い頃の超函数論，D-加群，概均質ベクトル空間，京都大学数理解析研究所に移られてからのホロノミック量子場の理論，ソリトン理論，等々，数学界に，特に若い数学者に与えた影響は計り知れない．第6講で少し述べた佐藤予想，佐藤-テイト予想については21世紀に入って大きな進展があったと聞く．「数学は佐藤幹夫を中心に廻っている」などと言えば異論もあろうが，そのような錯覚すら覚えてしまうほど，現代数学にその方向付けを与え続けている．その数学は，ご本人も言うように一種のアマチュア性を帯びている．たとえば超函数論．シュワルツはディラックのデルタ函数を取り込む形で函数空間の拡張を考え，「分布(distribution)」の体系を作った．これは明らかにプロの仕事だ．一方，佐藤には「拡張」という考えは初めからない．彼は"そもそも函数とは何か？　方程式とは何か？　何であるべきか？"という根源的な，いわばアマチュア的な問いかけから始めるのだ．凡人プロならば，仮に疑問を感じても絶対に本気で考えようとはしないだろう．もちろん佐藤先生がアマチュア数学者だなどと言っているのではない．発想がプリミティブである，とい

うことなのだ.

今回の「佐藤のゲーム」はそんな佐藤先生が, 旅行中にそのアイデアを得たとされているものだ. 「3山崩し」の「フェルミオン版」なのだが, まずは簡単な3山崩しから話を始めよう. 一松信先生の本[2]が基本的文献である.

いくつかの碁石が三つの山に分けて置かれている. 局面を (l, m, n) で表そう. 2人のプレーヤーが代わる代わるに場面から1個以上の石を取り去っていく. その際, 取り去る石の個数に制限は設けないが, 一つの山からしか取ってはいけない, というルールを課す. そして最後の石を取り去ったプレーヤーが勝ち, すなわち $(0, 0, 0)$ をこしらえた方が勝ち, という正規形のゲームを考えるのである. 山が三つだから3山崩し. 一般に N 山崩しが考えられる. $N = 1$ や2では良形, すなわち後手必勝形がすぐにわかる. ところが $N \geqq 3$ ではちょっと難しいだろう. [2]では見事な理論が展開されている. その基盤は次の定理だ.

●定理8-1 ────────────────────

任意の自然数の組 (l, m) に対して (l, m, n) が良形になるような自然数 n が一意的に存在する.

n の一意性は良形の定義から明らかだろう. 存在は $l+m$ に関する帰納法で証明される. 各自考えられたい. このようなゲームで数学ができる, ということに新鮮な驚きを覚えるかも知れない.

さて n は (l, m) から一意的に決まるのでこれを2項演算と考え, $l \oplus m = n$ と書こう. ゲームにおいて山の個性は関係ないので $l \oplus m = m \oplus l$ は明らかだ. つまりこの「加法」は交換法則を満たす. 圧巻は結合法則だ. つまり

$$(l \oplus m) \oplus n = l \oplus (m \oplus n)$$

が成立する. 意味を考えれば自明ではあり得ないことがわかるだろう. 核廃絶のパグウォッシュ会議で有名な物理学者, 故豊田利幸氏の論文で証明されているそうである. また任意の l に対して $(l, l, 0)$ が良形であることから $l \oplus 0 = l$ や $l \oplus l = 0$ がわかる. このようにして自然数全体の集合 $\mathbb{N} = \{0, 1, 2, \cdots\}$ はアーベ

ル群の構造を持つ.

ゲームの良形を用いて定義された演算 $\oplus$ の正体を明かそう. これは「2進和」と呼ばれるものである. $l \oplus m = n$ の意味は l, m それぞれを2進法で書いたとき, 各桁(ビット)で「繰り上がりなしの加法」, すなわち $\mathbb{Z}/2\mathbb{Z}$ における加法をおこなったものが n の2進表示, ということである. たとえば次のような計算になるのだ.

$$3 = (011)_{\text{2-adic}} \qquad 6 = (110)_{\text{2-adic}}$$

であるから

$$3 \oplus 6 = (101)_{\text{2-adic}} = 5.$$

ここで $(\cdots)_{\text{2-adic}}$ は2進表示のこととした. $\oplus$ が2進和にほかならないことの証明は[2]に詳しく述べられているのでここでは繰り返さない. まとめれば次の定理になる.

●定理 8-2 ───────────────────────────

3山崩しの局面 (l, m, n) が良形であるための必要十分条件は, 2進和 $l \oplus m \oplus n$ がゼロに等しいことである.

ゲーム図とエネルギー

3山崩しのような「有限確定的ゲーム」に対してその「ゲーム図」というものを導入しよう. すべての局面からの, ありとあらゆる手を書き込んだものがゲーム図である. …といってもわかりにくいだろう. たとえば $(2, 1, 1)$ という局面を考える. この局面からゲームが始まると仮定して, 出現可能な局面を頂点とし, 一手で推移する局面同士を(有向)辺で結んだグラフは図8-1のようになる. 図で各局面 v にその「エネルギー」$E(v)$ をふっておいた. ここで $E(v)$ は次のようにして帰納的に定める. 終点 $v_0 = (0, 0, 0)$ のエネルギーは $E(v_0) = 0$. そして局面 v から一手で推移可能な局面の集合を $\{w_1, \cdots, w_k\}$ とするとき

$$E(v) := \min\{\mathbb{N} \setminus \{E(w_1), \cdots, E(w_k)\}\}.$$

少し考えればわかることだが, 局面 v が良形, すなわち後手必勝形であることと $E(v) = 0$ が同値である. エネルギーがゼロの状態から一手を施したときエ

ネルギーは必ず正の数になる．またエネルギーが正の状態に対してはエネルギーをゼロにする手が必ず存在する．したがって，良形が与えられたとき，後手の必勝法は「エネルギーをゼロに保つこと」なのである．実は定理 8-2 よりも強い次の主張が証明される．

●定理 8-3
　3 山崩しの局面 $v = (l, m, n)$ のエネルギーは $E(v) = l \oplus m \oplus n$ で与えられる．

　エネルギーが完全に決定できるという意味で，3 山崩しは「完全積分可能」なゲームである．簡単なゲームでも定義に従ってゲーム図とエネルギーを描いてみると，どんどん巨大なものになっていき，ほとんど制御不可能であることが確かめられると思う．したがって，完全積分可能なゲームはかなり特殊なものと認識されるだろう．

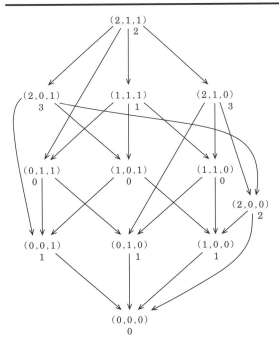

図 8-1 ●ゲーム図

マヤ・ゲーム

3山崩しの局面 (l, m, n) を数直線上に表そう．すなわち自然数を座標とする片側無限の数直線を考え，座標 l, m, n の3点に「粒子」がいると思うことにする．するとゲームの手は一つの粒子を選んで，それをより小さな座標に移動させることに対応する．代わる代わる一つの粒子を「左に」移動させ，0 に最後の粒子を移動させ，「基底状態」を完成させたプレーヤーが勝ちである．3山崩しだから粒子は3個だが，一般に N 個の粒子が「励起」している状態から始めれば N 山崩しになる．これは一つの座標にいくつでも粒子が入れる，すなわち「ボゾン」の場合だが，同様のことを「フェルミオン」でおこなうのが「佐藤のゲーム」である．フェルミオンとは「パウリの排他原理」に従う粒子のことで，一つの座標（サイト）には高々一つの粒子しか入れない．つまり初期状態 $(l_1, \cdots, l_N)$ において $l_1, \cdots, l_N$ はすべて相異なるとするのである．そしてゲームの手は一つの粒子を選んで，それを小さな座標に移動させるのだが，移動先には先住者がいないという制限をつける．すると最終の基底状態は，粒子の順番を無視すれば $(0, 1, \cdots, N-1)$ である．この基底状態を完成させたプレーヤーが勝ちである．佐藤先生はこれを「マヤ・ゲーム」と呼んでいるので，局面を表す数直線を「マヤ図形」と言うことも多い（図8-2）．「マヤ」という名前の由来は謎に包まれている．六甲の山の名前かも知れないし，フランス山村のショコラのお店かも知れない．

佐藤のゲームにおいて良形判定条件を求めよ，という問題が考えられる．この問題の解決のため，佐藤は新しい代数系，「マヤ代数」を導入する．まず2進表示を負の整数についても考える．いわゆる「補数表示」というものだ．非負整数は $(\cdots 0001101)_{\text{2-adic}}$ のように十分左（高い桁の部分）は0がずっと並んでいる，と思うことができるが，負の整数は1が限りなく並んでいるとするのだ．たとえば

$$-1 = (\cdots 1111111)_{\text{2-adic}}$$

である．これに1を加えれば，パタパタパタとすべての桁が0に置き換わる，というわけだ．このようにすれば2進和 $\oplus$ は整数全体で定義される．さて $x, y \in \mathbb{Z}$ に対して

$$\lambda(x) := x - 1, \quad N(x) := \lambda(x) \oplus x, \quad M(x, y) := N(x - y)$$

0	1	2	3	4	5	6	7	8	9	
	●			●		●			●	⋯

図8-2 ●マヤ図形

と定義し，それぞれ「偏極」,「ノルム」,「距離」と呼ぶ．木村達雄氏のもっともな質問

「ふつうの距離の公理を満たす必要はないのですか？」

とそれに対する佐藤先生の答え

「だって大小関係なんてないでしょう．不等式はない．単なる名前ですよ．」

は読んでいて楽しくなる（[30]参照）．$x \in \mathbb{Z}$ が
$$x = 2^u \times (奇数)$$
と表されるとき
$$N(x) = 2^{u+1} - 1$$
であることを確かめられたい．特に
$$N(0) = -1, \qquad N(-x) = N(x)$$
である．また次の命題はそれほど難しくない．

●命題8-4────────────

$\lambda : \mathbb{Z} \to \mathbb{Z}$ は距離 M に関して等長写像になっている．すなわち
$$M(\lambda(x), \lambda(y)) = M(x, y) \qquad (x, y \in \mathbb{Z}).$$

このような等長写像を具備した加法群をマヤ代数と呼ぶのである．$(\mathbb{Z}, \oplus, \lambda)$ はマヤ代数の一つの例である．普通の加法と2進和が同時に登場する不思議な代数系だ．良形の判定条件はマヤ代数の一般論を展開することによって得られる．榎本彦衛氏によるノート[36,37]に詳細が書かれている．私は以前，大学院生向けの講義でこのノートを紹介したことがある．たっぷり半期かかったことを覚えている．こんなヘンテコな代数系を持ち出さずとも，3山崩しのような簡単な理論があってしかるべき，とは誰でも感じるだろう．しかしどうやら佐藤のゲームは本質的に難しいようである．だからこそ後で述べるように群の表現論との密接な関係がある（らしい）のではないだろうか．

いつまで講釈していてもしょうがない．佐藤による定理をきちんと述べよう．

ただし上のような理由で証明をここに書くわけにはいかない．[36, 37]を参照して欲しい．

●定理 8-5 ────────────────────────────

佐藤のゲームの局面

$$v = (l_1, \cdots, l_N) \qquad (l_1 > \cdots > l_N \geqq 0)$$

のエネルギーは

$$E(v) = \bigoplus_{i=1}^{N} l_i \oplus \bigoplus_{i<j} M(l_i, l_j)$$

で与えられる．

各山の石の個数の2進和だけではなく，ほかの山の石の個数との「相互作用」の項 $M(l_i, l_j)$ が入ってくるところが面白く，また難しいのだ．しかしとにかくこのゲームも完全積分可能である．ところで，なぜ石取りゲームには2進法が関係してくるのだろうか？ ゲームを2人でやるからだ，というのは安直すぎるし，答えになっていない．佐藤先生は京都大学におけるソリトン方程式の講義[38]でこのゲームに触れ，本気で考える人の登場を熱望している．

「誰か元気のよい方が退屈なときにでも考えて下さって，暗号を解読して下さると面白いことがいろいろ出てくると思う．」

その理由は群の表現論で現れる公式との驚くべき類似性にある．表現論のことは第9講以降にまわすとして，本講はその準備をちょっとだけしておこう．

ヤング図形とフック

先ほどはマヤ図形を片側無限の自然数で座標づけられた数直線としたが，いったん，座標を忘れて，しかも両側無限にしよう．ある場所（サイト）から左には隙間なくぎっしりと粒子がいるものとする．もちろん十分右側には粒子がいないものとするのは前と同様だ（図8-3）．

右側無限遠方より左に向けて粒子がいる（●），いない（○）を確かめながら歩

いてくるものとする．そして○は「左に」，●は「下に」1ブロックずつ進んで新たな図形を描く．マヤ図形上で十分左に行けば●ばかりなので，新しい図形では下に限りなく進むことになる．

新しい図形はヤング図形の境界をなぞったものになっていることがわかるだろう（図 8-4）．逆にヤング図形からマヤ図形を再現することも可能である．その境界に白い紐を置いて，縦線を黒く塗る．左右の無限遠点を両手で持ってピッと引っ張ればマヤ図形の出来上がりだ．このようにしてヤング図形とマヤ図形は一対一に対応している．（マヤ図形の座標をわざと忘れているので，「ずらし」による違いは無視される．）

佐藤のゲームは，マヤ図形において粒子を左側の空き地に移動させるというものだった．それは対応するヤング図形では何をしていることになるのだろうか．粒子●はヤング図形の縦線に対応している．またその粒子の移動先は空き地○なのでヤング図形の横線だ．粒子が左に移動するので，その横線は縦線よりも「下」にある．そこで縦線からヤング図形の中側に入り込んで，真下に問題の横線が見えるまで左にまっすぐ進む．横線が見えたら左折して下に進み，横線から外に出る．

いま通り過ぎたマス目の全体をヤング図形の「フック（hook）」，フックに含まれるマス目の個数を「フック長（hook length）」と呼ぶ（図 8-5，次ページ）．厳密に考えると結構面倒なのだが，マヤ図形上の粒子の移動は，ヤング図形のフックを取り除く作業に対応している．粒子の移動距離がフック長である．一般にヤング図形からフックを取り除くと連結でなくなるが，この場合は，離れ

··· ● ● ● ● ● ○ ● ○ ○ ● ○ ● ○ ○ ● ○ ○ ○ ···

図 8-3 ●本来のマヤ図形

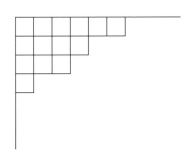

図 8-4 ●マヤ図形（図 8-3）に対応するヤング図形

小島を左上に押しつけることにより，再びヤング図形になる．以上をまとめると，佐藤のゲームとは"与えられたヤング図形から交互にフックを取り除いていって，何もない「空ヤング図形 ∅」を作った方が勝ち"という形に言い換えられる．この場合はゲームの局面はヤング図形 λ である．ヤング図形の各マス目 $x \in \lambda$ は必ずフックの曲がり角になっているので，固有のフック長を持っている．それを $h(x)$ で表そう．

●定理 8-6 ─────────────

佐藤のゲームの局面 λ のエネルギーは

$$E(\lambda) = \bigoplus_{x \in \lambda} N(h(x))$$

で与えられる．

この定理で本質的なフック長というものが，対称群や一般線型群の表現論で基本的な量になる．詳しくは次講で述べるつもりだが，対称群 $\mathfrak{S}_n$ の既約表現はヤング図形(＝分割)で分類される．n の分割 λ に対応する $\mathfrak{S}_n$ の既約表現 $V(\lambda)$ の「次元」が以下で与えられるのだ．

$$\dim V(\lambda) = \frac{n!}{\prod\limits_{x \in \lambda} h(x)}.$$

エネルギーの公式との類似性に気がつくだろう．こちらの次元公式の証明にはマヤ代数など登場しない．完全に群論的に証明されてしまう．公式の類似性が直ちに理論の類似性に結びつくわけではないだろうが，佐藤先生も言うように"みかけが似ているものが，単にみかけだけに終わることはないだろう"．川中宣明氏の精力的な研究により，石取りゲームの本質は姿を見せつつある([39]参照)．表現論との運命的な結びつきが解明され，本講の全面的書き直しを迫られる日が遠からぬことを願っている．

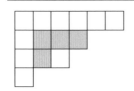

図 8-5 ●長さ 4 のフック

フック公式

ヤング図形とフック公式

　第8講の話の最後に出てきたフック公式を証明する．対称群 $\mathfrak{S}_n$ の既約表現の次元を与える公式として紹介したが，もっと組合せ論的な説明が可能なので，そこから話を始めよう．

　自然数 n の分割 $\lambda = (\lambda_1, \cdots, \lambda_l)$ を固定する．対応するヤング図形は n 個のマス目を持つ．各マス目に数 1 から n を 1 回ずつ書き入れる．ただし数の並び方が「標準的」であることを要請しよう．つまり各行（横並び）において左から右に向かって数は増加，また各列（縦並び）において上から下に向かって数は増加しているものとする．このようなルールで数を書き入れたヤング図形を「標準盤」と呼ぶ．英語では standard tableau（複数形は tableaux）と外来語を使う．λ が与えられたとき標準盤は一つとは限らない．たとえば $\lambda = (2,1)$ に対して標準盤は二つある（図 9-1，次ページ）．

　すぐにわかることとして，数 1 は左上の隅，すなわち $(1,1)$ の位置にある．なおヤング図形や標準盤の議論では行列の場合と同じように上から i 行目，左から j 列目のマス目，あるいはそこに書かれている数を (i,j) 成分などと称する．第 i 行の一番右側にあるマス目はそれを取り去ってできる図形が，サイズ $n-1$ のヤング図形 μ になるとき「角」と呼ばれる（図 9-2）．すなわち $\lambda_i > \lambda_{i+1}$ が満たされるとき，(i, λ_i) のマス目を角というわけだ．そしてこのような状況のとき，$\mu \to \lambda$ と書くことにする．マス目の個数が 0 の「空ヤング図形 $\emptyset$」から始めて上で定義した矢印によりヤング図形を次々に積み上げてできる樹木を「ヤング樹木」と呼ぶことがある（図 9-3）．この絵をじっと見れば，$\emptyset$ から λ まで矢印に沿っての行き方が一つの標準盤に対応していることがわかると思う．λ の標準盤の個数は通常 f^λ と書かれる．今述べたことから

図 9-1 ● $\lambda = (2, 1)$ の標準盤

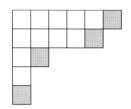

図 9-2 ● 角となる場所

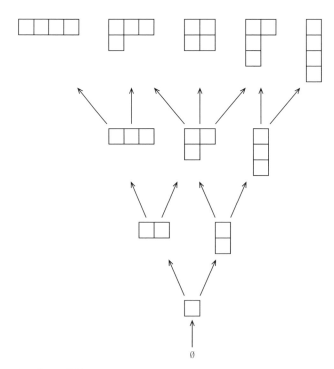

図 9-3 ● ヤング樹木

$$f^\lambda = \sum_{\mu \to \lambda} f^\mu$$

が理解されるだろう．たとえば λ が2行の長方形，すなわち $\lambda = (n, n)$ のとき，f^λ は第2講に述べたカタラン数 C_n に一致することが確かめられる．Dyck 経路などとの全単射証明を考えて欲しい．

　「表現」に関連する用語はまだ何も定義していないので，適当に読み飛ばして欲しいのだが，f^λ は分割 λ に対応する対称群 $\mathfrak{S}_n$ の既約表現の次元である．各標準盤が1次元の「ウエイト空間」に対応しているのである．"対称群の表現にウエイト空間なんてないだろう" というもっともな疑義が専門家から出されるかも知れない．しかし「Jucys-Murphy 作用素」というものを通じてカルタン部分代数の対応物や，ウエイトなる概念がきちんと定義されるのである．発端となったオクニコフ-ヴェルシクの論文[40]を読んだときの感慨は忘れ難い．ヴェルシク自身もお気に入りと見えて，同じ論文を著者の順番を入れ替えて二度出版している（[41]）．

　既約表現の次元としてフロベニウスにより公式が与えられている．分割 $\lambda = (\lambda_1, \cdots, \lambda_l)$ に対して

$$\beta_i = \lambda_i + (l-i) \qquad (i = 1, \cdots, l)$$

とおく．β_i を黒石の位置と思えば，いつもの「マヤ図形」の登場だ．$l-i$ を加えることはリー環の表現論での「ρ-シフト」というものに対応する．このとき

$$f^\lambda = \frac{n! \prod_{i<j} (\beta_i - \beta_j)}{\beta_1! \cdots \beta_l!}$$

である．証明はたとえば[42]を見られたい．本書でもいずれ表現論に触れたいと考えているが，本講は組合せ論的な議論に終始する．表現論の知識はいらない．ここで紹介したいのは次の「フック公式」である．

●定理9-1

　自然数 n の分割 λ に対してその標準盤の個数は次で与えられる．

$$f^\lambda = \frac{n!}{\prod_{x \in \lambda} h(x)}.$$

ここで $h(x)$ はヤング図形のマス目 x のフック長とした．

その証明

この定理は 1953 年 5 月のある木曜日に発見されたものらしい．そのいきさつはセーガンの教科書[43]に少し書かれている．対称群の表現論やヤング図形に関係する書物にはたいてい載っている公式だが，証明は省略されている場合も多い．今回はその証明を紹介していこうと思う．文献[45]を参考にしている．論文のタイトルにあるように証明には「確率」が用いられている．よくこの論文について「確率論的な証明がなされている」と解説されるが，「確率論」は大袈裟であろう．確率分布も中心極限定理も関係ない．高校で順列・組合せの付属品として教えられる「組合せの逆数としての確率」を前面に出しているよ，と言うにすぎない．

●定理 9-1 の証明 ─────────────────

函数 $F(\lambda)$ を

$$F(\lambda) = \begin{cases} \dfrac{n!}{\prod\limits_{i,j} h_{ij}} & (\lambda \text{ が分割のとき}) \\ 0 & (\text{それ以外}) \end{cases}$$

と定義する．ここで n は分割 λ のサイズ，h_{ij} は (i,j) のマス目のフック長である．積はすべてのマス目について取るものとする．つまり定理の右辺というわけだ．この函数 $F(\lambda)$ が f^{λ} と同じ漸化式を満たすことを示せばよい．すなわち

$$F(\lambda) = \sum_{\mu \to \lambda} F(\mu)$$

を確かめればよい．いまは λ を固定して考えるので $F = F(\lambda)$ とおいてしまおう．上の式の両辺を $F = F(\lambda)$ で割って

$$\sum_{\mu \to \lambda} \frac{F(\mu)}{F} = 1$$

を確率の式として解釈するのである．

λ のマス目 $x_0 = (i_0, j_0)$ がランダムに選ばれたとしよう．選ばれる確率はもちろん $\dfrac{1}{n}$ である．次に x_0 が決めるフック内で x_0 以外のマス目 $x_1 = (i_1, j_1)$ をランダムに選ぶ．その確率は明らかに $\dfrac{1}{h_{i_0 j_0} - 1}$ で

ある．さらに x_1 が決めるフック内で x_1 以外のマス目 $x_2 = (i_2, j_2)$ を
やはりランダムに選ぶ．その確率は $\dfrac{1}{h_{i_1 j_1} - 1}$ である．こんな操作を λ
の角 $x_m = (\alpha, \beta)$ に到達するまで続ける．これを「試行」と呼ぼう．
到達点となる角 x_m をこの試行の「終点」と呼ぶのは自然である．そ
うして $p(\alpha, \beta)$ を，角 (α, β) を終点とする試行の確率と定義しよう．
試行の意味がわかれば

$$\sum_{(\alpha, \beta)} p(\alpha, \beta) = 1$$

は明らかだろう．ただし，和はすべての角 (α, β) をわたるものとする．
さて，$\mu \to \lambda$ なる μ は行番号 α により一意的に決まる．λ から角
(α, β) を取り去ってできるヤング図形が μ のとき $F_\alpha = F(\mu)$ とおこ
う．記号の濫用でわかりにくいかも知れないが我慢して欲しい．そう
すれば証明したい式は

$$\sum_{(\alpha, \beta)} \frac{F_\alpha}{F} = 1$$

となる．上の式と見比べれば，任意の角 (α, β) に対して

$$p(\alpha, \beta) = \frac{F_\alpha}{F}$$

を示せばよいことがわかる．

　試行をヤング図形内の「経路」と思うことができる．つまり，
$(i, j) = (i_0, j_0)$ から出発して，角 $(\alpha, \beta) = (i_m, j_m)$ で終わる試行を

$$P : (i, j) = (i_0, j_0) \to (i_1, j_1) \to \cdots \to (i_m, j_m) = (\alpha, \beta)$$

と書くことができる．このとき次の集合を考える．

$$A := \{i_0, i_1, \cdots, i_{m(A)}\}, \qquad B := \{j_0, j_1, \cdots, j_{m(B)}\}.$$

経路 P が立ち寄るマス目の行番号の集合が A，その個数が $m(A)$，列
番号の集合が B，その個数が $m(B)$ である．多重集合(multiset)では
なく，集合なので A, B の元に繰り返しはない．したがって

$$m(A), m(B) \leqq m$$

だ．次にまた新たな確率の記号を準備しよう．$p(A, B | i, j)$ を，(i, j)
を出発点とし，A, B を経由するような試行の確率とする．

ここで定理 9-1 からちょっと脱線するが，私は最初に論文 [45] を見たとき，この記号の妥当性がわからなかった．なぜ i, j を書く必要があるのか疑問に思ったのだ．A, B の最小数がそれぞれ i, j に決まっているのだから，i, j は何らの新たな情報を持っていない．ところがしばらく考えて，ハタと気がついた．これは「条件つき確率」なのだ．(i, j) を始点とする，という条件つきで (A, B) の確率を表しているのだ．本書の読者も同様の勘違いをするものと決めつけて，あえて注意しておく．

●補題 9-2

$$p(A, B \,|\, i, j) = \prod_{a \in A, a \neq \alpha} \frac{1}{h_{a\beta} - 1} \prod_{b \in B, b \neq \beta} \frac{1}{h_{\alpha b} - 1}.$$

●定理 9-1 の証明（続き）

補題の証明は後回しにして定理 9-1 の証明を続けよう．ここからは一気呵成だ．F_α の意味を思い出せば次の変形が理解されるだろう．

$$\frac{F_\alpha}{F} = \frac{1}{n} \prod_{a < \alpha} \frac{h_{a\beta}}{h_{a\beta} - 1} \prod_{b < \beta} \frac{h_{\alpha b}}{h_{\alpha b} - 1}$$

$$= \frac{1}{n} \prod_{a < \alpha} \left(1 + \frac{1}{h_{a\beta} - 1} \right) \prod_{b < \beta} \left(1 + \frac{1}{h_{\alpha b} - 1} \right).$$

右辺（RHS）を補題を用いてさらに変形する．

$$\mathrm{RHS} = \frac{1}{n} \sum_{A, B} \left(\prod_{a \in A, a \neq \alpha} \left(1 + \frac{1}{h_{a\beta} - 1} \right) \times \prod_{b \in B, b \neq \beta} \left(1 + \frac{1}{h_{\alpha b} - 1} \right) \right)$$

$$= \frac{1}{n} \sum_{A, B} p(A, B \,|\, i_0, j_0) = p(\alpha, \beta).$$

これで定理 9-1 の証明が終わった．

●補題 9-2 の証明

$$A' := A - \{i_0\}, \qquad B' := B - \{j_0\}$$

とおく．このとき

$$p(A, B \,|\, i_0, j_0) = \frac{1}{h_{i_0 j_0} - 1} \{ p(A', B \,|\, i_1, j_0) + p(A, B' \,|\, i_0, j_1) \}$$

であることがわかる．出発点 (i_0, j_0) から最初のステップで下に進む

か，右に進むかの二つの可能性を記した式である．$(i_1, j_0), (i_0, j_1)$ を選ぶ確率はどちらも $h_{i_0 j_0} - 1$ であることに気がつけば，明らかな式だろう．補題は総ステップ数 m に関する帰納法で示される．帰納法の仮定として

$$p(A', B | i_1, j_0) = (h_{i_0 \beta} - 1)\Pi, \qquad p(A, B' | i_0, j_1) = (h_{\alpha j_0} - 1)\Pi$$

とおくことができる．ただしここで，補題の式の右辺を簡単のために Π とおいている．この仮定より

$$p(A, B | i, j) = \frac{1}{h_{i_0 j_0} - 1}\{(h_{i_0 \beta} - 1) + (h_{\alpha j_0} - 1)\}\Pi$$

と書くことができる．ここでヤング図形を描いてじっと見つめよう．

$$(h_{i_0 \beta} - 1) + (h_{\alpha j_0} - 1) = h_{i_0 j_0} - 1$$

であることに気がついて欲しい．もちろん (α, β) が角であることが本質的だ．これより

$$p(A, B | i_0, j_0) = \Pi$$

がわかった．証明終わり．

以上の証明法はさらに工夫されていくつかの本にも載っているが（[43, 44]），私には原論文が一番簡潔でわかりやすいように思える．ただし「条件つき確率」というのは案外，厄介な代物で，大きな落とし穴が潜んでいる場合がある．河野敬雄氏による「注意」[47] を見られたい．特に高校の先生に読んでもらいたいと思う．世界観が変わるかも知れない．そして高校で確率を教えることが怖くなるかも知れない．まあここでの定理の証明を理解するだけならば心配はいらないだろう．ついでに言っておくと，セーガンの本 [43] は初版を引用している．シュプリンガーから出版されている第2版ではフック公式の証明が別のものに置き換えられている．フック公式の古典的な組合せ論的証明を私は [46] で学んだ．原著では省略されている対称函数の議論が野崎昭弘氏による訳書では明解に補填されている．

余談

フック公式で求められる量 f^λ が対称群の既約表現の次元だ，ということを

もう一度思い出すと，以下の系9-3が得られる．

●系9-3 ─────────────

$$\sum_\lambda \prod_{x \in \lambda} \frac{1}{h(x)^2} q^{|\lambda|} = e^q.$$

ここで和はすべてのヤング図形 λ をわたるものとする．

　証明のためには有限群の表現論に関する重要な事実を借用する必要がある．
申しわけないが，無定義のまま定理の形で述べておこう．

●定理9-4 ─────────────

　有限群 G の複素既約表現の（同型類の）全体を $\{\lambda_1, \cdots, \lambda_N\}$ とし，λ_i の
次元を f^{λ_i} とする．このとき

$$\sum_{i=1}^{N} (f^{\lambda_i})^2 = |G|.$$

　これは「指標の直交性」と呼ばれる一連の定理群の一つだ．繰り返すが，「指
標」を含む表現論の言葉遣いは次講より追々説明する．本書以外では，たとえ
ば[42]なども薦められる．そう，有限群に限らず，指標は直交するのだ．だか
ら直交するものが現れたら何らかの群の指標であることを疑ってみるべきなの
だ．よく知られているように三角函数は直交する．つまり自然数 m, n に対して

$$\int_{-\pi}^{\pi} \cos mx \cos nx \, dx = \int_{-\pi}^{\pi} \sin mx \sin nx \, dx = \delta_{mn}\pi, \quad (m, n \geqq 1)$$

$$\int_{-\pi}^{\pi} \cos mx \sin nx \, dx = 0.$$

が成り立つ．これをもとにフーリエ級数論が構築されるわけだが，この直交性
は三角函数が1次元トーラス $\mathbb{T} = \{z \in \mathbb{C} \, ; \, |z| = 1\}$ というコンパクト・アー
ベル群の指標であることからの帰結である．また，たとえばチェビシェフ多項
式はコンパクト群 $SU(2)$ の既約指標である．このように考えていくと，解析
学のある側面は群というきわめて代数的なものが統制していることがおぼろげ
ながらわかる．「数学は一つである」という使い古された言葉が現実味を帯び
るのである．

●系 9-3 の証明 ────────────────

これは簡単だ.

$$\sum_\lambda (f^\lambda)^2 = \sum_\lambda \frac{(n!)^2}{\prod_{x \in \lambda} h(x)^2}$$

である. ここで左辺は n の分割すべてをわたる. ところが定理 9-4 より左辺は $\mathfrak{S}_n$ の位数, $n!$ に等しいから結局

$$\sum_\lambda \frac{1}{\prod_{x \in \lambda} h(x)^2} = \frac{1}{n!}$$

がわかる. 両辺に q^n をかけて n について和を取れば欲しい式を得る. 証明終わり.

対称群 $\mathfrak{S}_n$ の場合, 定理 9-4 の式は今見たように

$$\sum_\lambda (f^\lambda)^2 = n!$$

となる. 標準盤の個数という立場で見れば, 左辺は「同じヤング図形を台に持つ標準盤のペアの個数」と理解される. したがって各ペアと対称群の元, すなわち n 文字の置換が一対一に対応しているはずである. これが有名な「ロビンソン-シェンステッド(RS)対応」である.

色つきフック公式

本講の原稿をここまでひととおり書き終えた後に, 川中宣明氏の話を聴く機会を得た. そこで[45]の証明の意義, 重要性について詳しく教えていただいたのである. 確率論の入門書[48]にこの証明が書かれていることも教わった. 立派な確率論であることの専門家によるお墨付きを得たのである. 「高校の確率にすぎない」と思っていた自らの認識不足を恥じる.

論文[45]を詳しく解析していた川中氏は, この証明の本質が, ある有理式の等式にあることを見抜いた. それがいわゆる「色つきフック公式」である. ヤング図形 λ が与えられたとき, (i, j) のマス目に $c = j - i$ という「色」をつける. 表 9-1(次ページ)を参照されたい.

対角線上のマス目は全部同じ色だ．各色 c に対して変数 z_c を準備しておく．さて第8講で紹介した佐藤のゲームを思い出そう．与えられたヤング図形 λ からフックを次々に抜いて(必要ならば，離れ小島を左上に押しつけて)いって空ヤング図形に到達する，という操作をゲームにしたものだった．ここではその操作だけを問題にしよう．たとえば $\lambda = (2,1)$ であれば，ゲームの局面をすべて挙げたゲーム図は図9-4のようになる．ただしここでは取り去ったフックに含まれる色の情報も書き入れておいた．さて λ から始まる操作の列

$$S : \lambda = \lambda_0 \to_{x_1} \lambda_1 \to_{x_2} \lambda_2 \to \cdots \to_{x_m} \lambda_m$$

を考える．ここで最後の λ_m は必ずしも空ヤング図形とは限らないことを明記しておく．つまり途中で止める操作も含むのだ．このような操作の列の全体のなす集合を $\mathcal{F}$ で表す．各ステップ $\lambda_{i-1} \to_x \lambda_i$ は，λ_{i-1} から，マス目 x により決まるフック $H(x)$ を抜くことを表している．フック $H(x)$ に含まれるマス目の色を $\{c_1, \cdots, c_h\}$ とする．このとき，このステップに $\dfrac{1}{z_x}$ という有理式を対応させる．ただし

$$z_x := z_{c_1} + \cdots + z_{c_h}$$

とおいている．そして上の操作の列に対して，積

$$\frac{1}{z_{x_1}} \cdot \frac{1}{z_{x_1}+z_{x_2}} \cdot \cdots \cdot \frac{1}{z_{x_1}+z_{x_2}+\cdots+z_{x_m}}$$

を対応させるのである．色つきフック公式とは次の恒等式を指す．

●定理9-5 ─────────────────────

ヤング図形 λ に対して

$$\sum_{S \in \mathcal{F}} \frac{1}{z_{x_1}} \cdot \frac{1}{z_{x_1}+z_{x_2}} \cdot \cdots \cdot \frac{1}{z_{x_1}+z_{x_2}+\cdots+z_{x_m}} = \prod_{x \in \lambda} \left(1 + \frac{1}{z_x} \right).$$

たとえば $\lambda = (2,1)$ の場合は，$x := z_{-1}$, $y := z_0$, $z := z_1$ とおいて

		j			
	1	2	3	4	5
1	0	1	2	3	4
2	-1	0	1	2	3
i 3	-2	-1	0	1	2
4	-3	-2	-1	0	1
5	-4	-3	-2	-1	0

表9-1 ●色 c の値

$$1 + \frac{1}{x} + \frac{1}{z} + \frac{1}{x+y+z}$$
$$+ \frac{1}{x(x+z)} + \frac{1}{z(x+z)}$$
$$+ \frac{1}{x(x+y+z)} + \frac{1}{z(x+y+z)}$$
$$+ \frac{1}{x(x+z)(x+y+z)} + \frac{1}{z(x+z)(x+y+z)}$$
$$= \left(1+\frac{1}{x}\right)\left(1+\frac{1}{z}\right)\left(1+\frac{1}{x+y+z}\right)$$

という式を得る．慣れないと，こんな簡単な場合でも手計算に何時間もかかる．白状すると私は長さが2の，すなわち分母がzの2次式になるケースを見落としていて，正しい答えを出すまで1時間半かかった．興味を持った読者は$\lambda = (2,2)$ぐらいの例で実際に計算してみられたい．「分数の足し算」なので大学生にはできない．

さてこの等式において分母の次数が最大になる項だけを抽出しよう．列の長さが最大になるということだ．すなわち抜いていくフックがすべて長さ1であるようなステップの列だけを考えるのだ．もしλのサイズがnならば最大の列の長さはnになる．そのような列全体の集合を$\mathcal{F}(n)$で表そう．

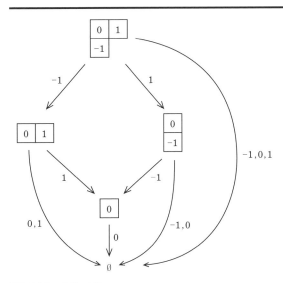

図 9-4 ●色つきゲーム図

サイズが n のヤング図形 λ に対して

$$\sum_{S \in \mathcal{F}(n)} \frac{1}{z_{x_1}} \cdot \frac{1}{z_{x_1} + z_{x_2}} \cdot \cdots \cdot \frac{1}{z_{x_1} + z_{x_2} + \cdots + z_{x_n}} = \prod_{x \in \lambda} \frac{1}{z_x}.$$

左辺において項の数は, λ から角を次々に抜いていき空ヤング図形にいたる列の個数, すなわち標準盤の個数に等しいことに注意する. つまり $|\mathcal{F}(n)| = f^\lambda$ である. したがってすべての変数 z_c を 1 に特殊化してやれば,

$$\frac{f^\lambda}{n!} = \prod_{x \in \lambda} \frac{1}{h(x)}$$

を得る. これはまさにフック公式だ.

色つきフック公式は川中氏の弟子, 仲田研登氏により一般的に証明された ([49]). 川中氏と仲田氏の「眼力」と「腕力」に瞠目する. カッツ–ムーディー環からある手続きにより自然に定義される「一般化ヤング図形」を含めて, 長時間にわたり丁寧に説明してくれた両氏に心よりお礼を申し上げる.

次講はいよいよ対称群の表現論に入門しよう. そもそも群の表現とは何か, というところから始めたい.

対称群の表現

有限群の表現とは

　本講は対称群の既約表現を構成することを目標にする．フロベニウス（Georg Ferdinand Frobenius 1849-1917）や彼の弟子であるシューア（Issai Schur 1875-1941）が創始したこの理論の一端を，私は 30 歳の頃，堀田良之先生の好著[50] で学んでその透明さに感銘を受けた．もちろんヤング図形はもっと前から知ってはいたが，以後どっぷりとこの世界につかるようになるきっかけを与えてくれた本である．岩堀長慶先生の[51]も名著であるが，この本が出版された当時の私には難しすぎた．今読むとさまざまな啓示を受ける．

　まずは「群の表現」という言葉の意味から説明しなければなるまい．有限群 G が与えられたとする．元の個数が有限の群である．私が思い浮かべるのはたとえば対称群 $\mathfrak{S}_5$ とか有限体上の一般線型群 $GL_2(\mathbb{F}_3)$ などで，元の個数，すなわち位数も 100 程度のものであるが，有限群の専門家が「群」と言ったときに頭に描いているのは，位数が 54 桁だったりするので気をつけないといけない．数学で帰納的極限などが出てきたら「可算無限は大きな有限」と考えてよい場合があるが，逆に「大きな有限はほとんど無限」と感じられるのも事実だ．

　さて V を有限次元の複素ベクトル空間とする．群 G の各元 g に対して V 上の可逆線型変換 $\rho(g): V \to V$ が定まっていて

$$\rho(gg') = \rho(g) \cdot \rho(g') \qquad (g, g' \in G)$$

が成立しているときに (ρ, V) を G の V 上の「表現（representation）」と称するのである．ρ を通して V に G が（左から）作用している，とも考えられるので V のことを「（左）G 加群」と呼ぶこともある．加群と考えているときには $\rho(g)v \ (v \in V)$ を簡単に gv と書く．右 G 加群も同様に定義される．その場合は

$$\rho(gg') = \rho(g') \cdot \rho(g)$$

を要請することになる．線型変換を作用される $v \in V$ の左側に書こうとするか

ら変になるのであって，逆にすれば

$$v(gg')\rho = ((v)g\rho)g'\rho$$

と素直な式になる．表現を左加群と考えるか右加群と考えるかは自由だが，私は左加群に慣れている．しかし私の知り合いの群論屋は「右派」が多い．話したり講演を聴いたりする際，時として混乱することがある．右左に関してはそれこそ「右往左往」（[54]参照）することがあり，酒を飲みながらの話題になる．たとえば $g \in G$ と部分群 H に対して gH を右剰余類と呼ぶか左剰余類と呼ぶか．なぜこんな基本的なものの名前が人によって違うのかわからないが，本によってまちまちだし，その理由もいろいろあるようだ．ちなみに私はこれを右剰余類と呼んでいる．非可換環 A のイデアルに関しては $xA := \{xa \; ; \; a \in A\}$ を右イデアルと呼ぶのが普通だ．

　いつものように思いつきをそのまま書いているので定義がなかなか進まない．V の部分空間 W が「G 不変」であるとき，すなわち $\rho(G)W = W$ を満たすとき W を不変部分空間と呼ぶ．加群の言葉遣いでは「部分加群」となる．全体 V と $\{0\}$ は常に不変部分空間（部分加群）である．このような「自明」なもの以外に不変部分空間が存在するとき，表現 (ρ, V) は「可約（reducible）」であると言われる．そうでないときが「既約（irreducible）」だ．"可約な表現は既約なものに分解して考えればよい．" これはまさにその通りなのだが分解の可能性は当たり前ではない．一般には「完全可約性」が成り立たないのだ．でもご安心あれ．われわれが今ここで考えるのは有限群の有限次元「通常表現」なので，「既約分解」はいつでも可能だ．だから既約表現だけを調べればよいことになる．表現論の言葉遣いに初めて接する人には，何を言っているのかさっぱりわからないかも知れない．別に気にしなくてもいいのだが，一応，注意の喚起という意味で完全可約でない表現の例を挙げよう．整数全体のなす加法群 $\mathbb{Z}$ の2次元の表現 $(\rho, \mathbb{C}^2)$ を

$$\rho(n) = \begin{pmatrix} 1 & n \\ 0 & 1 \end{pmatrix}$$

により定義する．まず，これが表現を与えていることを確かめよ．この表現は可約である．実際 $W = \mathbb{C}\begin{pmatrix} 1 \\ 0 \end{pmatrix}$ は1次元の不変部分空間である．ところが既約分解はできない．つまり W の「相棒」の1次元部分空間が存在しないのだ．

有限群 G に対してその「群環」を考えることが多い．群の元の形式的有限和全体のなすベクトル空間のことだ．つまり

$$\mathbb{C}G := \left\{ \sum_{g \in G} c_g g \ ; \ c_g \in \mathbb{C} \right\}$$

に G の演算から定義される積を入れたものだ．これを A で表そう．G 加群 V は自然に A 加群の構造を持つ．逆に A 加群は G の表現を定義する．したがって，特に群環 A 自身は G の表現である．これを「正則表現」と呼ぶ．本来は群環だけではなく，一般の非可換環に対して，「積を作用」とする(環の)正則表現が定義される．先程「イデアル」という語が登場したが，これは正則表現の部分加群のことである．

さて，群環 A に戻ろう．一般に A の元 ε で生成される左イデアル $A\varepsilon$ は G の表現を与える．前にも述べたように G の表現は完全可約である．したがって，正則表現 A は既約分解される．特に部分加群 U に対して $A = U \oplus W$ となる部分加群 W が存在する．A の単位元 1_A をこの直和分解に従って $1_A = u + w$ と書こう．このとき $u = u^2 + uw$ であるが，直和ということから $uw = 0$ となり，$u = u^2$ がわかる．つまり u は「冪等元(idempotent)」である．さらに $U = Au$ も簡単にわかる．すなわち正則表現 A の部分加群は，冪等元で生成されることがわかった．この考えをさらに押し進めれば，u が「原始(的)冪等元」であることと，Au が既約部分加群であることが同値という事実もわかるだろう．ただし．冪等元 u が「原始的(primitive)」であるとは，$u = u_1 + u_2$ とゼロでない冪等元の和に書けないことをいう．A の既約分解は

$$1_A = \sum_{i=1}^{N} u_i, \qquad u_i u_j = 0 \qquad (i \neq j)$$

という原始冪等元分解に対応している．

対称群の話

さて話を対称群 $G = \mathfrak{S}_n$ に限る．$A := \mathbb{C}\mathfrak{S}_n$ とおこう．標語的によく知られているのは "$\mathfrak{S}_n$ の既約表現は n の分割，すなわちヤング図形で分類される" ということだろう．ここではその証明を述べることはしないが，与えられたヤング図形に対応する既約表現のこしらえ方について少し詳しく話そう．ヤング図

形 $\lambda = (\lambda_1, \cdots, \lambda_l)$ に対して標準盤 T を一つ固定する．このとき T の「水平置換群」R_T を「任意の数 i について，i と $\sigma(i)$ が T において同じ行にいるような $\sigma \in \mathfrak{S}_n$ 全体のなす $\mathfrak{S}_n$ の部分群」と定義する．明らかに

$$R_T \cong \mathfrak{S}_{\lambda_1} \times \cdots \times \mathfrak{S}_{\lambda_l}$$

である．この定義で「行」を「列」に置き直したものが「垂直置換群」C_T だ．ヤング図形 λ の転置を $\mu = (\mu_1, \cdots, \mu_k)$ とするとき

$$C_T \cong \mathfrak{S}_{\mu_1} \times \cdots \times \mathfrak{S}_{\mu_k}$$

も簡単にわかるだろう．たとえば

$$T = \begin{array}{|c|c|} \hline 1 & 2 \\ \hline 3 \\ \cline{1-1} \end{array}$$

ならば

$$R_T = \{\mathrm{id}, (1,2)\}, \qquad C_T = \{\mathrm{id}, (1,3)\}$$

である．ここで id は「恒等置換」，すなわち「置き換えない置換」のこと．また一般に $(i_1, i_2, \cdots, i_r)$ は

$$i_1 \to i_2 \to \cdots \to i_r \to i_1$$

の巡回置換を表すものとした．r のことを巡回置換の「長さ」と呼ぶこともある．長さ 1 の巡回置換は恒等置換 id にほかならない．長さ 2 の巡回置換は「互換（transposition）」と呼ばれる．線型代数学の講義において，行列式の導入に必要な程度の「置換の手ほどき」（補講 1 時限）をする．"勝手な置換は互換の積で書ける" というのもその一つだ．長さが r の巡回置換は $r-1$ 個の互換の積で書けることなども説明する．置換を表すのに必要な互換の個数には不定性が残るが，その偶奇は先天的に決まっている．偶置換に $+1$，奇置換に -1 という整数を対応させよう．これを置換の「符号（sign）」と言い，通常 sgn σ で表す．

標準盤 T に対応する「ヤング対称子（Young symmetrizer）」を

$$\varepsilon_T := \sum_{\sigma \in R_T} \sum_{\tau \in C_T} (\mathrm{sgn}\, \tau) \tau \sigma \in A$$

により定義する．「対称子」とは，作用素のことを「演算子」と呼んでいた頃の言葉だろうがいささか古くさい．しかし新しい訳語もないようなのでこれで落ち着いている．先程の例で計算すると

$$\varepsilon_T = \mathrm{id} + (1,2) - (1,3) - (1,2,3)$$

となる．上の一般論から A の左イデアル $A\varepsilon_T$ は $\mathfrak{S}_n$ の表現空間となる．ヤン

グ対称子は $\varepsilon_T^2 = \gamma_T \varepsilon_T$ という著しい性質を持つ．ここで $\gamma_T = \prod_{x \in \lambda} h(x)$ は，T の台であるヤング図形 λ の各マス目のフック長の積である．つまり，γ_T^{-1} をかけて正規化すれば，これは冪等元なのだ．だから A の左イデアルの「正しい」生成元になり得る．証明は省略するが実は次のことが言える．

●定理 10-1 ————————————————————

（1） $A = \mathbb{C}\mathfrak{S}_n$ の単位元の原始冪等元分解は

$$1_A = \sum_{\lambda \in P(n)} \sum_{T \in \mathrm{STab}(\lambda)} \gamma_T^{-1} \varepsilon_T$$

で与えられる．ここで n の分割の全体を $P(n)$，λ を台にもつ標準盤の全体を $\mathrm{STab}(\lambda)$ で表した．

（2） $T \in \mathrm{STab}(\lambda)$, $S \in \mathrm{STab}(\mu)$ とする．このとき $\mathfrak{S}_n$ の既約表現 $A\varepsilon_T$ と $A\varepsilon_S$ が同型であるための必要十分条件は $\lambda = \mu$ である．

この定理により正則表現 $A = \mathbb{C}\mathfrak{S}_n$ の既約分解がわかったことになる．一般に有限群 G の正則表現には，"すべての既約表現がその次元だけの重複度で登場する" ことが知られている．

第9講の記号を思い出そう．λ を台に持つ標準盤の個数を f^λ と書いたのだった．定理 10-1 から

$$\sum_{\lambda \in P(n)} (f^\lambda)^2 = n! \tag{$*$}$$

がわかる．表現論的な説明は今述べた通りだが，この印象的な等式には組合せ論的な証明が知られている．第9講で名前だけ挙げた「ロビンソン–シェンステッド対応」は，そのような組合せアルゴリズムの一つである．これは，同じ台を持つ標準盤のペア

$$(P, Q) \in \mathrm{STab}(\lambda) \times \mathrm{STab}(\lambda)$$

と対称群 $\mathfrak{S}_n$ の元 σ との一対一対応のことである．σ から標準盤をこしらえるアルゴリズムが「バンピング」と呼ばれるもので，そこはそこで面白いのだが本稿では省略しよう．式(*)の，ハイゼンベルク代数を用いた証明については [52] を見られたい．

シュペヒト多項式

せっかくヤング対称子が出てきたので，もう少し遊んでみよう．n 変数の多項式環 $P := \mathbb{C}[x_1, \cdots, x_n]$ を考える．各 x_i に次数 1 を持たせて d 次斉次部分 P_d に分解することができる．すなわち

$$P = \bigoplus_{d=0}^{\infty} P_d.$$

対称群 $\mathfrak{S}_n$ は各 P_d に左から作用する：

$$(\sigma f)(x_1, \cdots, x_n) := f(x_{\sigma(1)}, \cdots, x_{\sigma(n)}).$$

ここでうっかり $x_{\sigma^{-1}(1)}$ などとやってしまうと右作用になるので注意が必要だ．このようにして $\mathfrak{S}_n$ の有限次元表現をたくさん作ることができるが，一般に P_d は既約にならない．そこで，既約成分を引っ張りだすためにヤング対称子を用いるのだ．

今 $S \in \mathrm{STab}(\lambda)$ を一つ固定しよう．S に書かれている数はそれぞれ次のように定義される「余電荷 (cocharge)」を背負っていると思うことにする．S の 1 は余電荷 0 を持つ．また，S の数 k が余電荷 j を持つとする．S において $k+1$ は k の「右上」か「左下」にある．「右上」にあるとき $k+1$ の余電荷を j，「左下」にあるとき $k+1$ の余電荷を $j+1$ と定義する．たとえば

$$S = \begin{array}{|c|c|c|} \hline 1 & 2 & 5 \\ \hline 3 & 6 \\ \cline{1-2} 4 \\ \cline{1-1} \end{array}$$

のとき，その「余電荷盤」は

$$j(S) = \begin{array}{|c|c|c|} \hline 0 & 0 & 2 \\ \hline 1 & 3 \\ \cline{1-2} 2 \\ \cline{1-1} \end{array}$$

となる．特に S が「チョー当たり前」，すなわち 1 行目の左から $1, 2, \cdots, \lambda_1$，2 行目に移って左から $\lambda_1+1, \lambda_1+2, \cdots, \lambda_1+\lambda_2, \cdots$（以下同様），という標準盤 S_0 のときには，その余電荷盤は i 行目に $i-1$ が並ぶものとなる．さて，S と同じ台を持つ今一つの標準盤 $T \in \mathrm{STab}(\lambda)$ を用意する．T において数 k が書かれている箱の $j(S)$ における数を $j(k)$ としよう．そうしておいて単項式

$$x_T^{j(S)} := x_1^{j(1)} \cdots x_n^{j(n)}$$

を考える．わかりにくいだろうか．先程の S を例にとろう．T が

$$T = \begin{array}{|c|c|c|} \hline 1 & 3 & 4 \\ \hline 2 & 5 \\ \cline{1-2} 6 \\ \cline{1-1} \end{array}$$

のとき，この T と上の $j(S)$ を見比べて

$$x_T^{j(S)} = x_1^0 x_2^1 x_3^0 x_4^2 x_5^3 x_6^2$$

とするのである．もう一息だ．頑張ってフォローして欲しい．ここで T に対するヤング対称子 ε_T が登場する．

$$\Delta_T^S := \varepsilon_T\big(x_T^{j(S)}\big)$$

という多項式を考える．右辺は ε_T が単項式 $x_T^{j(S)}$ に作用している，という意味だが定義は明らかだろう．特に $S = S_0$ がチョー当たり前のときには $j(S_0)$ は行ごとに定数なので，ヤング対称子 ε_T の作用で水平置換群の部分では

$$\sum_{\sigma \in R_T} \sigma\big(x_T^{j(S_0)}\big) = c x_T^{j(S_0)}$$

と定数倍になるだけだ．したがって各列について計算すればよいのだが，大学1年生で習う行列式の定義，差積とヴァンデルモンドの関係を思い起こせば，

$$\Delta_T^{S_0} = c' \prod_{k \geqq 1} \Delta_{T(k)}$$

となることがわかる．c' はゼロでない定数だ．ただしここで T の第 k 列に登場する数を $T(k) = \{k_1, \cdots, k_l\}$ と小さい順に書いたとき，$\Delta_{T(k)}$ は差積

$$\Delta_{T(k)} = \prod_{\alpha < \beta} (x_{k_\alpha} - x_{k_\beta})$$

である．まとめれば"チョー当たり前の標準盤 S_0 に対応する多項式 $\Delta_T^{S_0}$ は T の列ごとの差積の積になる．"この多項式 $\Delta_T^{S_0}$ を T に付随する「シュペヒト多項式」と呼ぶ．一般の標準盤 S に対する Δ_T^S は[53]で導入されたものだが，そこでは「高次シュペヒト多項式」と呼んでいる．

●定理 10-2

（1）$\mathcal{B} := \{\Delta_T^S ; S, T \in \mathrm{STab}(\lambda), \lambda \in P(n)\}$ は $\mathbb{C}$ 上一次独立である．

（2）$\lambda \in P(n)$, $S \in \mathrm{STab}(\lambda)$ を固定したとき

$$V^s(\lambda) := \bigoplus_{T \in \mathrm{STab}(\lambda)} \mathbb{C}\Delta_T^s$$

は $\mathfrak{S}_n$ の既約表現を与える.

（3） $\mathfrak{S}_n$ の既約表現として $V^s(\lambda)$ と $V^{s'}(\mu)$ が同型である必要十分条件は $\lambda = \mu$ である.

　この定理によって多項式環 P のなかに $\mathfrak{S}_n$ の各既約表現の「コピー」がその次元分だけ構成されたわけである. シュペヒト多項式を基底に持つこの既約表現は, 通常「シュペヒト加群(Specht module)」と呼ばれている. その本質は実は「整数性」にある. すなわち, ここでの構成はすべて $P_{\mathbb{Z}} := \mathbb{Z}[x_1, \cdots, x_n]$ の中での出来事なのである. まあ今は難しいことを言わずに $\mathbb{C}$ 上で考えることにしよう. $V^s(\lambda)$ が $\mathfrak{S}_n$ の表現空間になることは自明ではない. T を標準とは限らない盤, すなわち数字の並び方が「小さい順」になっていない場合でも高次シュペヒト多項式 Δ_T^s は定義される. それらが標準盤の高次シュペヒト多項式の一次結合で表されることを見る必要がある. 場合分けがいささか厄介だがきちんと証明される. このような操作を代数学では「整頓規則(straightening law)」と呼んでいる.

　P は無限次元なので(高次)シュペヒト多項式だけでは全体になるわけがない. つまり P は大きすぎるのだ. そこで P をイデアルで割って(商環を考えて)スリムにしよう. 基本対称多項式 $e_d = e_d(x_1, \cdots, x_n)$ を

$$e_d = \sum_{i_1 < i_2 < \cdots < i_d} x_{i_1} \cdots x_{i_d} \qquad (1 \leqq d \leqq n)$$

で定義する. これら e_d たちで生成される P のイデアルを I とおき, $R := P/I$ という商環を考える. これは対称多項式という, A 型ワイル群の不変式で割った環なので「余不変式環(coinvariant ring)」と呼ばれている. これは $n!$ 次元になる. 幾何学的なことは私は苦手なのだが, R は代数群 $G = GL_n$ のボレル部分群, すなわち上三角行列全体のなす部分群 B による等質空間 G/B のコホモロジー環 $H^*(G/B, \mathbb{C})$ というものにほかならない. そしてワイル群 $\mathfrak{S}_n$ の正則表現を与えている. (高次)シュペヒト多項式は R の基底になっているのだ.

●定理10-3 ────────────

$\mathcal{B}$ は余不変式環 R の基底（の代表系）を与える.

q 真似

最後に一つの応用として，公式(*)の「q 真似(q-analogue)」を与えておこう.
q 真似とは基本的には，自然数 n を「q-自然数」

$$[n]_q := \frac{1-q^n}{1-q} = 1+q+q^2+\cdots+q^{n-1}$$

などで置き換えることである．$q=1$ を代入すると，あるいは $q \to 1$ の極限を
取ればもとの自然数 n になる.「★★★の q 真似」とは，$q=1$ で★★★が回復
するような理論のことだ．もちろん任意性があるが「正しい q 真似」は基本的
に一つであってしかるべきだ.

さて，もう何度も述べているが，われわれの主役 f^λ は λ を台に持つ標準盤の
個数のことであった．これの q 真似を考えよう．$[f^\lambda]_q$ とするのでは芸がなさ
すぎる．ひとひねりもふたひねりも加えて

$$f^\lambda(q) := \sum_{S \in \mathrm{STab}(\lambda)} q^{c(S)}$$

とする．ただしここで標準盤 S に対して，その余電荷盤 $j(S)$ に書かれている
数の和を $c(S)$ とおいた．これは実は由緒正しいもので，$GL(n, \mathbb{F}_q)$ や岩堀-ヘ
ッケ環の表現論にも登場する重要な量なのだ．「コストカ多項式」と呼ばれて
いる族の一つだ．そして期待通り「フック公式」がある．というより，もとも
とは次式が定義なのだ.

$$f^\lambda(q) = \frac{q^{n(\lambda)}[n]_q!}{\prod_{x \in \lambda}[h(x)]_q}.$$

ここで $n(\lambda)$ は標準盤 S_0 に対応するシュペヒト多項式の次数，$[n]_q! := [n]_q$
$[n-1]_q \cdots [1]_q$ とおいた．くどいようだが $h(x)$ はヤング図形 λ のマス目 x のフ
ック長だ．高次シュペヒト多項式 Δ_T^S は次数つき代数 R の $c(S)$ 次のところに
いる．だから $V^S(\lambda)$ は R の $c(S)$ 次斉次部分の f^λ 次元分を占めている．これ
をすべての $\lambda \in P(n)$，すべての $S \in \mathrm{STab}(\lambda)$ について加えることにより式(*)
の q 真似

$$\sum_{\lambda \in P(n)} f^\lambda \cdot f^\lambda(q) = [n]_q! \qquad\qquad (**)$$

が導出される.

たとえば $n=3$ の場合は表 10-1 のようになる. この表より,

$$\sum_{\lambda \in P(3)} f^\lambda \cdot f^\lambda(q) = 1 + 2q + 2q^2 + q^3 = [3]_q!$$

がわかる.

駆け足になって申しわけない. 黒板の前でゆっくりお喋りすれば誰にでも理解できる易しい事柄なのだが, 書かれたものだけではわかりにくいかも知れない. 実は公式 $(**)$ は先日見つけたものだ. もちろん専門家にはよく知られていることだと思うが, n が小さい場合に実験してみて「発見」した. 宇野勝博氏に連絡したところ, 彼から岩堀–ヘッケ環との関係について教えていただいた. 感謝したい. 論文 [53] の系として得られることに気がつき, 嬉しくなってここに書かせてもらった.

短い論文 [53] は私が東京都立大学で助手から助教授に昇任した頃の仕事だ. 同僚だった寺杣友秀氏と毎日のように楽しく議論したのはよい思い出だ. 高次でないもともとのシュペヒト多項式は [50] に載っている. それをどのように正則表現 R の基底に延長するか, という問題意識だった. R の基底としては当時「シューベルト多項式」というのが流行っていて, それに対する対抗意識もあったに違いない. できあがってから "こんなのフロベニウスの時代から知られていてもおかしくない" とも思われて, いろいろな人に聞いてみたのだが, "どうやら新しいものらしい" と確信できたときは嬉しかった. その後, 対称群だけでなく B 型や D 型のワイル群にも拡張できて, 私としては満足できる仕事になった.

λ	f^λ	$f^\lambda(q)$
(3)	1	1
(21)	2	$q + q^2$
(1^3)	1	q^3

表 10-1

対称群の指標表

表現の指標

　前講に引き続いて対称群の表現論の話をしよう．初等的でありながら，豊富な組合せ論を内包し，『組合せ論プロムナード』には持ってこいの話題である．ただし，同じ理由でいろいろな人がいろいろなところで述べているから，個性を出すのは至難の業かも知れない．しかしそこはプロのプライドにかけて「ヤマダならでは」と思わせるものにしていきたい．

　有限群 G の（有限次元）表現 (λ, V) に対してその「指標（character）」と呼ばれる G 上の函数 χ^λ を
$$\chi^\lambda(g) = \mathrm{tr}(\lambda(g)) \qquad (g \in G)$$
により定義する．トレースの性質
$$\mathrm{tr}(AB) = \mathrm{tr}(BA)$$
により指標の値は G の各共軛類の上で一定であることがわかる．つまり指標は「類函数（class function）」なのだ．（無限群の）無限次元表現についても指標を考えることがある．その場合は無限行列のトレースにあたるものをうまい具合に定義しなければならない．超函数として意味を持つ，とかそのような解析を展開する必要があり，一筋縄ではいかない．

　思い出したことがあるので今のうちに書いておく．4年生のセミナー（「課題研究」と呼ばれている）で指標のことを学んでいた学生が，上のトレースの性質を黒板に書いた．やや不安があったので

　「一応証明してごらん．」

と言ったところ，その学生がやったことは

「AB の対角成分は $a_{ii}b_{ii}$. したがって $\mathrm{tr}(AB) = \sum_i a_{ii}b_{ii} = \mathrm{tr}(BA)$.」

　若い頃の私ならば怒鳴りつけていただろう. しかしこの程度でいちいち怒っていたら, 今の世の中, 身が持たない. そういえば以前の勤務校でこういうのもあった. $\sum_{i=1}^{n} a$ が計算できなくて(!)立往生してしまった学生に

「とりあえず定数 a を前に出してみたら…」

と助言した. (助言のつもりだった.)

「はい.」

と素直な学生だ. $a\sum_{i=1}^{n}$ まで書いて, はたと困ってしまった. 加えるものがなくなってしまったのだ. 苦し紛れに彼は $a\sum_{i=1}^{n}b$ と書いた, というのがオチである.
　おっと馬鹿話に興じている暇はない. これが「ヤマダならでは」じゃ困る. 指標はその名のとおり, 表現を特徴づけている.

●定理 11-1

　G の表現 λ と μ が同値であるためには, その指標 χ^{λ} と χ^{μ} が G 上の函数として一致することが必要十分である.

　表現とは函数を成分に持つ行列の族のことであった. それに対して指標は単独の函数である. そう考えれば, この定理の重大性がわかるだろう. この定理を含めて, 有限群の(通常)表現の基本的な事実が詳しく書かれているのが[55]である. ややその「しつこさ」が鼻につくが最初に読む本としては適切だと思う. 右加群で書かれている表現を, すべて左加群の言葉に直すことはよい勉強になるだろう. 上の定理は「指標の直交性」と呼ばれる基本的事実からの帰結である. これを述べるために記号を準備しよう. G 上の複素数値函数 φ, ψ に対して

$$\langle \varphi, \psi \rangle := \frac{1}{|G|} \sum_{g \in G} \varphi(g)\overline{\psi(g)}$$

と定義する．ただしここで $\overline{\psi(g)}$ は $\psi(g)$ の複素共軛のことである．これは L^2 内積だ．特に類函数 φ, ψ については

$$\langle \varphi, \psi \rangle = \frac{1}{|G|} \sum_{r=1}^{n} |C_r| \varphi(C_r) \overline{\psi(C_r)}$$

となる．ただしここで G の共軛類を $\{C_r ; 1 \leqq r \leqq n\}$ とおき，φ の共軛類 C_r 上での値を $\varphi(C_r)$ などと書いている．もう一つ大事なことを証明なしに認めてもらわねばならない．有限群 G の既約表現（の同値類）の個数は共軛類の個数に一致する．たとえば対称群 $\mathfrak{S}_n$ の場合はどちらも n の分割数 $p(n)$ で与えられる．さて G の既約表現（の同値類）の全体を $\{\lambda_i ; 1 \leqq i \leqq n\}$ とする．λ_i の指標を χ^i とする．直交性とは次の二つの式である．

（1） $\langle \chi^i, \chi^j \rangle = \delta_{ij}$, つまり $\dfrac{1}{|G|} \sum\limits_{r=1}^{n} |C_r| \chi^i(C_r) \overline{\chi^j(C_r)} = \delta_{ij}$.

（2） $\sum\limits_{i=1}^{n} \chi^i(C_r) \overline{\chi^i(C_s)} = \delta_{rs} \dfrac{|G|}{|C_r|}$.

それぞれを第1直交関係式，第2直交関係式と呼ぶ文献もある．なお有限群の指標では

$$\overline{\chi(g)} = \chi(g^{-1})$$

が常に成り立つことを注意しておく．

　こうやって思いつくままに事実を羅列してもしょうがない．有限群の表現論は組合せ論にたくさんの材料を提供してくれるので，その基本的な事項は必須である．ぜひ [55] などで系統的に勉強されることを望む．

指標表とは

　有限群 G の既約表現の個数と共軛類の個数は一致することを上で述べた．そこで $\chi^i(C_j)$ を (i, j) 成分とするような正方行列 $X(G)$ が考えられる．これを「指標表（character table）」と呼ぶ．たとえば G が2次の対称群

$$\mathfrak{S}_2 = \{\mathrm{id}, (1, 2)\}$$

としよう．ここで id は恒等置換，$(1, 2)$ は文字1と2の互換を表す．共軛類は二つ．そもそもアーベル群だ．既約表現は「単位表現」と「符号表現」の二つ．

それぞれをヤング図形で $(2), (1,1)$ で表そう．指標表は

$$X(\mathfrak{S}_2) = \begin{array}{c|cc} & \{\mathrm{id}\} & \{(1,2)\} \\ \hline (2) & 1 & 1 \\ (1,1) & 1 & -1 \end{array}$$

となる．この例では簡単すぎて物事がよく見えない．3次対称群 $\mathfrak{S}_3$ でやってみよう．

その前にちょっと準備．第4講にも書いたことだが復習しよう．一般に対称群 $\mathfrak{S}_n$ の共軛類は置換の「サイクルタイプ」によって決まる．どういうことか？置換は共通する文字を持たない巡回置換（サイクル）の積として表される．たとえば

$$\begin{pmatrix} 1 & 2 & 3 & 4 & 5 & 6 & 7 & 8 \\ 5 & 3 & 4 & 2 & 1 & 7 & 6 & 8 \end{pmatrix} = (1,5)(2,3,4)(6,7)(8)$$

と表されるが，右辺の括弧の構造，すなわち長さ1の括弧が一つ，長さ2の括弧が二つ，…がサイクルタイプである．そしてこれを

$$(1, 2^2, 3) = (1, 2, 2, 3)$$

のように分割（ヤング図形）で表すのだ．通常は普段のヤング図形と異なり，数字を小さい順に書く．$\mathfrak{S}_n$ の元が共軛であることと，そのサイクルタイプが等しいことの同値性，またサイクルタイプが

$$\rho = (1^{m_1}, 2^{m_2}, \cdots, n^{m_n})$$

である元の個数が

$$\frac{n!}{1^{m_1} 2^{m_2} \cdots n^{m_n} m_1! \, m_2! \cdots m_n!}$$

で与えられることは簡単な演習問題だ．学部2年生程度の代数学の講義では必ず言及されるはずだ．業界ではこの分母を z_ρ と書く決まりになっている．ついでに言うと偶置換ばかりからなる部分群，すなわち「交代群」の共軛類の記述はちょっと厄介でおもしろい．

横道に逸れるが私自身の心覚えのために書いておこう．z_ρ を二つの部分に分ける．

$$a_\rho := 1^{m_1} 2^{m_2} \cdots n^{m_n}, \qquad b_\rho := m_1! \, m_2! \cdots m_n!.$$

そして
$$a(n) := \prod_{\rho \in P(n)} a_\rho, \qquad b(n) := \prod_{\rho \in P(n)} b_\rho$$
とするとき
$$a(n) = b(n)$$
が成り立つ. ただし, いつものように $P(n)$ は n の分割全体を表す.

以上を踏まえて $\mathfrak{S}_3$ の指標表を眺めてみよう.

$$X(\mathfrak{S}_3) = \begin{array}{c|ccc} & (1^3) & (1,2) & (3) \\ \hline (3) & 1 & 1 & 1 \\ (2,1) & 2 & 0 & -1 \\ (1^3) & 1 & -1 & 1 \end{array}$$

成分は全部整数だが, これは対称群の特殊性である. 交代群ではもうそういうわけにはいかない. 一般には有限群の指標の値は代数的整数になる. さて共軛類 (1^3) は単位元のみからなる. したがって, そこでの指標の値は単位行列のトレース, すなわち表現の次元を表している. ヤング図形 $(2,1)$ に対応する既約表現は 2 次元, というわけだ. この行列の列ベクトルのユークリッド内積を計算したものが, 第 2 直交関係式だ. 行ベクトルに関しては共軛類の元の個数というウエイトを加味して内積を取る必要がある. それが第 1 直交関係式だ. これらを使えば虫食い算ができる. 仮に $\chi^{(2,1)}(1,2)$, $\chi^{(2,1)}(3)$ の値だけがわからず, ほかの値がすべてわかっているとしよう. 第 1 列と第 2 列, 第 3 列の内積を計算して列の直交関係を用いれば
$$\chi^{(2,1)}(1,2) = 0, \qquad \chi^{(2,1)}(3) = -1$$
がわかる, という仕掛けになっている. 群の表現の何たるか, を知らなくても指標が計算できてしまうのだ. 列の直交性を次のように言い換えてもよい.
$${}^t X(\mathfrak{S}_n) X(\mathfrak{S}_n) = \mathrm{diag}(z_\rho \,; \rho).$$
右辺は z_ρ が並んでいる対角行列のことである.

自然数 r を固定したとき ρ が r-類正則であるとは, r の倍数 i に対して $m_i = 0$ のことと定義したのだった. n の分割で r-類正則なものの全体を $C(n,r)$ で表そう. もう一つ. $\lambda = (\lambda_1, \lambda_2, \cdots)$ が r-正則であるとは, 同じ数が r 回は続かないことであった. その全体を $R(n,r)$ で表す.
$$|R(n,r)| = |C(n,r)|$$

に注意しよう．対称群の指標表においてr-正則な分割の行, r-類正則な分割の列だけを採用して小行列 $X(\mathfrak{S}_n, r)$ を考える．このとき次が知られている．

$$\det X(\mathfrak{S}_n, r) = \prod_{\rho \in P(n, r)} a_\rho.$$

これはコペンハーゲン大学のオルソン（Jørn B. Olsson）氏がモジュラー表現との関係から導いた式らしい．指標表を眺めるだけでもこうやって「意味がありそう」な式が見つかるかも知れない．

作り方

　実は，対称群の指標を計算するアルゴリズムが知られている．「ムルナガン−中山の公式」というものである．これを説明しよう．驚くべきことに，これも「フックを抜く」という佐藤のゲームの操作を基にしている．詳しい証明は[51, 56]を見られたい．どうやって調べたのか[56]にはムルナガン（Francis Dominic Murnaghan）の誕生日まで書いてある．

　たとえば $\mathfrak{S}_{10}$ の既約表現 $\lambda = (5, 3, 2)$ の指標の，共軛類 $\rho = (1, 2^3, 3)$ での値が必要になったとしよう．まずヤング図形 λ から長さ 3 のフックを取り除くのである．長さ 3 のフックは一つだけある．取り除いて（離れ小島をくっつけて）できるヤング図形は $(5, 1, 1)$ だ．次に $(5, 1, 1)$ から長さ 2 のフックを取り除く．今度は二通りあるので注意する．でき上がりのヤング図形から再び長さ 2 のフックを取り除く．以下同様．つまり与えられた共軛類の分割にしたがって λ から指定された長さのフックを抜いていくのである．今の場合の「ゲーム図」を書けば図 11-1 のようになる．

　ここで新たな概念,「フックの符号」を導入する．フックとはヤング図形のあるマス目 x の右および下にあるマス目全体のことであった．最初の「曲がり角」にあるマス目 x を「体」と呼ぼう．右側にあるマス目全体を「腕」,下側にあるマス目全体を「脚」と言う．脚に含まれるマス目の個数を「脚の長さ（leg length）」と呼んで $l(x)$ で表す．フックの符号とは $(-1)^{l(x)}$ のことである．上の図では各矢印に抜いたフックの符号 ± 1 が書き込まれている．λ から空ヤング図形 $\emptyset$ にいたる経路について各ステップで付記された符号を掛け合わせる．その結果を「経路の符号」と呼ぶことにする．すべての経路について経路の符

号を足し合わせたものが $\chi^\lambda(\rho)$ である．図 11-1 の例では $+3$ となる．こういうことを式で書こうとすると結構面倒になるので，普通は一つのステップに着目して次のように書かれる．

●**定理 11-2**（ムルナガン–中山）

分割 ρ から r を一つ取り除いてできる分割を σ とする．ヤング図形 λ から長さ r のフックを一つ抜いてできるヤング図形を $\mu_1, \cdots, \mu_q$ とする．また λ から μ_i を作るときに抜くフックの脚の長さを l_i とする．このとき

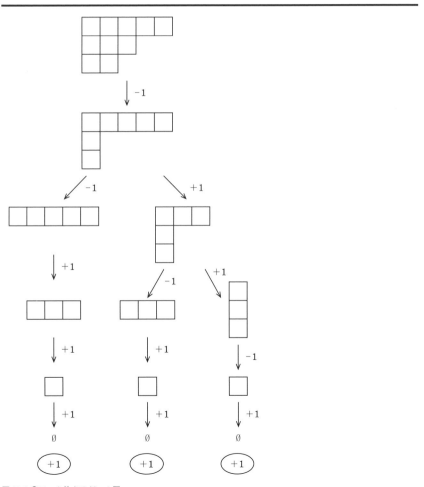

図 11-1 ● フック抜きのゲーム図

$$\chi^{\lambda}(\rho) = \sum_{i=1}^{q} (-1)^{l_i} \chi^{\mu_i}(\sigma).$$

　上の定理において r は必ずしも ρ に現れる最大の数でなくても構わない．λ から長さ r のフックが抜けない場合がある．たとえば $\lambda = (2,1)$ で $\rho = (1,2)$ とすると，公式を使いたくても λ は長さ 2 のフックを持たない．「手詰まり」の状態だ．手詰まりが現われたら指標の値は 0 である．$\chi^{(2,1)}(1,2)$ はフックを抜く順番を変えて，長さ 1 のフックから始めてもちゃんと 0 になることを確認して欲しい．

　指標の単位元上での値 $\chi^{\lambda}(1^n)$ は既約表現の次元に等しく，これについては第9講で述べた「フック公式」があった．そしてその公式は佐藤のゲームのエネルギー公式に「よく似て」おり，実際，ゲーム的な解析に耐えるものだった．一般に対称群の既約指標についてゲームの立場から何か言えないだろうか？というのが現在の私の疑問である．

札幌の居酒屋にて

　さて「リトルウッドの加法定理」を述べよう．1998 年のことだ．元勤務校での大学院生，水川裕司に無茶を言ったことがある．

　「対称群の指標表をあげるから，これで何か仕事をしておいで．」

対称群の表現論を身近に感じて，手を動かして欲しい，といった軽い気持ちからの要求だったのだが，まさか本当に何か持ってくるとは思っていなかった．数か月後，たまたま私の以前の学生だった中島達洋が来て，居酒屋で食事をしていたときのこと，水川が

　「こんなことがあるんです．」

と言いながら実験結果を見せてくれた．$\mathfrak{S}_2$ の指標表と $\mathfrak{S}_4$ のそれ（の部分）を見比べる．

$$X(\mathfrak{S}_2) = \begin{array}{c|cc} & (1^2) & (2) \\ \hline (2) & 1 & 1 \\ (1^2) & 1 & -1 \end{array}$$

$$X(\mathfrak{S}_4) = \begin{array}{c|cc} & (2^2) & (4) \\ \hline (4) & 1 & 1 \\ (2^2) & 2 & 0 \end{array}$$

本来の $X(\mathfrak{S}_4)$ はもっと大きいものだがここでは必要な部分だけを載せた．$\mathfrak{S}_2$ の指標表の，ヤング図形も共軛類も「2倍して」できる部分だ．水川の発見は「下の行は $X(\mathfrak{S}_2)$ の2行を加えてできる」というものだ．もちろんこれだけでは説得力に欠ける．$X(\mathfrak{S}_3)$ と $X(\mathfrak{S}_6)$ を比べよう．

$$X(\mathfrak{S}_3) = \begin{array}{c|ccc} & (1^3) & (1,2) & (3) \\ \hline (3) & 1 & 1 & 1 \\ (2,1) & 2 & 0 & -1 \\ (1^3) & 1 & -1 & 1 \end{array}$$

$$X(\mathfrak{S}_6) = \begin{array}{c|ccc} & (2^3) & (2,4) & (6) \\ \hline (6) & 1 & 1 & 1 \\ (4,2) & 3 & 1 & 0 \\ (2^3) & 3 & -1 & 0 \end{array}$$

関係は一目瞭然だろう．水川は $X(\mathfrak{S}_6)$ と $X(\mathfrak{S}_{12})$ まで実験して「関係がある」という確信を得たのだ．その実験結果を見た瞬間に中島が

　「これは 2-quotient じゃないかな」

と言ったのである．これだから数学はやめられない．この一言で水川も私もすべてを理解したのだ．

　定理の形で述べるために，記号の準備が必要だ．自然数 r を固定する．n の分割 $\lambda = (\lambda_1, \lambda_2, \cdots)$ に対して，rn の分割 $r\lambda = (r\lambda_1, r\lambda_2, \cdots)$ を考える．また $k = 0, 1, \cdots, r-1$ に対して

$$(r\lambda)[k] := (\lambda_{r-k}, \lambda_{2r-k}, \cdots)$$

とおく．ヤング図形の r 組

$$((r\lambda)[0], (r\lambda)[1], \cdots, (r\lambda)[r-1])$$

は $r\lambda$ の「r-商(r-quotient)」と呼ばれる．一般のヤング図形に対する r-商の定義はもう少し厄介だが，ここでは「その場限り」の間に合せですませる．

●定理 11-3 ──────────────────────

n の任意の分割 λ と ρ に対して

$$\chi^{r\lambda}(r\rho) = \sum_{\nu} LR^{\nu}_{(r\lambda)[0], \cdots, (r\lambda)[r-1]} \chi^{\nu}(\rho).$$

　突如として LR という記号が登場した．「リトルウッド–リチャードソン係数」というもので，r-商とは対になって出てくる代物だ．代数でフィルトレーションを作ったら，次には必ず「グルを取る」と決まっているようなものだ．ヤング図形は対称群のほかに，一般線型群の有限次元既約表現をも記述するが，そのテンソル積の既約分解の係数が LR なのだ（補講 2 時限参照）．

　居酒屋での一件から数か月後に水川が持って来た証明は「シューア函数」を用いるものだ．一般線型群の既約表現の指標のことである．「シューア–ワイルの相互律」という，私には奇跡に思える定理のおかげで，シューア函数は対称群の指標と結びつく．一般線型群という古典群の指標であるシューア函数は行列式表示そのほかの美しい性質を具備している．それを使うのだ．変数の「膨張」という見事なアイデアに私は目を見張った．その後，対称群の「スピン指標」のヴァージョンを見つけたりしたのだが，実は定理 11-3 の式はリトルウッドの古典[57]に載っていることを発見してしまった．リトルウッドの証明を私は今もって読めないのだが，水川によるものとは異なると信じる．だからこそ論文[58]を書いた．決定的な一言を発した中島達洋を著者に加えなかったことがよかったかどうか，今でもときどき悩む．共同研究において一人一人の分担がどうとか，寄与が何パーセントか，などという議論が横行しているが，こと数学においては不毛な数字と言えよう．

　対称群の指標表については，今でも新しい現象が見つかっているし，古くに証明された事実についてもより深い理解が進んでいる．先日，オルソン氏から教えてもらった「マクドナルドの定理」（[59]）を述べて本稿を閉じよう．

　対称群 $\mathfrak{S}_n$ の奇数次元の既約表現の個数 $m_2(\mathfrak{S}_n)$ を問題にする．2 進法を用い

て

$$n = 2^{r_1} + 2^{r_2} + \cdots + 2^{r_k}, \qquad r_1 > r_2 > \cdots > r_k$$

と書いたとき，

$$m_2(\mathfrak{S}_n) = 2^{r_1 + r_2 + \cdots + r_k}$$

というものだ．これを見れば誰だって「次元が3で割り切れない既約表現の個数は？」などいろいろ疑問がわくはずだ．「指標表マニア」向きの題材だろう．健闘（検討）を祈る．

シューア函数

竹原にて

本講では「シューア函数」について思いの丈を述べたいと思う．あくまでも初等的に，高校生にも読めるように配慮はするつもりだが，さてどうなることやら．

私が初めてシューア函数というものを意識したのは 1981 年の 1 月のことだったと思う．広島大学の修士課程の学生だった私は，ひょんなことから，当時，竹原市にあった「広島大学理論物理学研究所（理論研）」での佐藤幹夫教授の講義を聴きにいくことになった．理論研のある先生が超函数論を，創始者から直接教えを請うつもりで京都大学数理解析研究所の佐藤先生を招聘したのだという．ところが佐藤先生は超函数よりも，ご自身の新理論を話したくてしょうがない．結局，初日は出来立てのほやほやの「ソリトンの話」をすることになった．

嗚呼，思い出話を始めてしまった．しばらくお付き合いいただこう．机もない，黒板と椅子だけの会議室で佐藤先生は話し始める．物理の文化なのか，誰もノートを取ろうとしない．私はノートを持っていたのだが広げる場所もない．しょうがないので周りに合わせて，聴くことに集中する．だから板書についても状況についても，まともな記録はなく，記憶も今となってはおぼろげである．「年寄りは昨日のことは忘れても，40 年前のことは覚えている」とよく言われる．ところが 43 年前のことはやっぱり忘れている．

「何からお話ししてよいやら…」

といつも通りに講義は始まった. まずは予備知識として, ソリトンの歴史から
だ. 150年前のスコット-ラッセルによる運河での「孤立波」の発見. コルテヴ
ェーグ(D. Korteweg)とド・フリース(G. de Vries)による, いわゆるKdV方程
式の導出. ザブスキー(N. J. Zabusky)とクルスカル(M. D. Kruskal)による特殊
解の解析と「ソリトン」の命名. ガードナー(C. S. Gardner), グリーン(J. M.
Greene), クルスカル, ミウラ(R. M. Miura), すなわちGGKMの4人組による
逆散乱法の発見. さらには広田良吾による「直接法」という和算. 等々, 大発
見の話が続く. 佐藤先生ご自身の仕事を話し出すきっかけを探しながらお喋り
している感じであった.

スペクトル保存変形

　話は佳境に入る. ラックス(P. D. Lax)による「スペクトル保存変形」の話だ.
1次元シュレディンガー作用素を例にとろう.

$$L(t) := \left(\frac{d}{dx}\right)^2 + 2u(x,t).$$

ここで$u(x,t)$は位置xと時刻tに関する「ポテンシャル函数」だ. この作用素
に関して固有値問題

$$L(t)\phi = \lambda\phi$$

を考える. その際,「時刻tによって固有値(スペクトル)λが変化しない」とい
う要請をしたならば, ポテンシャルuはどのようなものであり得るか? これ
がスペクトル保存変形の問題だ. 行列の場合と同じように考えよう. 線型の微
分作用素は所詮, 無限サイズの行列のようなものだ. ある(ユニタリ)作用素
$U(t)$によって

$$L(t) = U(t)L(0)U(t)^{-1}$$

となっていれば$L(0)$の固有値と$L(t)$の固有値は等しい. いまδをtの微小
な変化量とすれば

$$\begin{aligned}
L(t+\delta) &= U(t+\delta)L(0)U(t+\delta)^{-1} \\
&= U(t+\delta)U(t)^{-1}L(t)U(t)U(t+\delta)^{-1} \\
&= (U(t+\delta)U(t)^{-1})L(t)(U(t+\delta)U(t)^{-1})^{-1}.
\end{aligned}$$

ここでテイラー展開すれば, なんて言わずに, 平均値定理により, でもいいか,

$$U(t+\delta)U(t)^{-1} = 1+\delta B(t)+O(\delta^2)$$

を満たすような $B(t)$ が見つかる．ただし $O(\delta^2)$ は δ に関して 2 次以上の項を集めたものと了解されたい．δ は微小なので，いっそのこと $\delta^2 = 0$ としてしまおう．そうすると結局

$$L(t+\delta) = (1+\delta B(t))L(t)(1-\delta B(t))$$
$$= L(t)+\delta[B(t),L(t)]$$

が得られる．ここで $[X,Y] = XY-YX$ はいつもの括弧積だ．両辺を δ で割って $\delta \to 0$ の極限をとれば

$$\frac{\partial L(t)}{\partial t} = [B(t),L(t)]$$

といういわゆる「ラックス方程式」が出てきた．微分作用素の組 $(L(t),B(t))$ を「ラックス対」と呼ぶ．

　ここで唐突に出てきた微分作用素 $B(t)$ とは一体どのようなものだろうか？未定係数法によりその形を決定しよう．これからは $\partial := \dfrac{d}{dx}$ と略記することにして，

$$L(t) = \partial^2+2u$$

と書く．さて

$$B(t) = \partial^3+U\partial^2+V\partial+W$$

と置いてラックス方程式に代入する．左辺は「係数を微分する」のであるから

$$\frac{\partial L(t)}{\partial t} = 2u_t$$

となる．ここで $u_t = \dfrac{\partial u}{\partial t}$ だ．この手の記号はこれからも断りなく使う．この式は左辺が 0 階の微分作用素であることを主張している．右辺も 0 階になるべし，という条件で係数を決めていく．積分定数を上手に取れば

$$B(t) = \partial^3+3u\partial+\frac{3}{2}u_x$$

であることがわかる．そうして係数比べをすれば $L(t)$ のポテンシャル $u(x,t)$ に関する発展方程式

$$4u_t-u_{xxx}-12uu_x = 0$$

が導出される．これが「KdV 方程式」だ．非線型の偏微分方程式だ．だから難しい．しかし非線型であるがゆえに，線型微分方程式では思いもよらなかった

面白さを内包している．もちろん非線型ならば何でもいいというわけではない．上のようにして，由緒正しく現れるものだから，きっとよい性質を持っているに違いないのだ．いや，話はむしろ逆かも知れない．GGKM などの研究により，KdV 方程式には面白い数学がたくさん隠されているだろうことがわかりかけていた．この覚えにくい形は偶然ではないはずだ．「だから」数学的に正しく導出できるに違いない．ラックス方程式はその意味で，KdV 方程式の構造を明らかにしているのだ．

　今は $B(t)$ を3階の微分作用素としたが，階数は何でもよい．そこで

$$B_n(t) := \partial^n + V_1 \partial^{n-1} + V_2 \partial^{n-2} + \cdots + V_n$$

と置いて，ラックス方程式の右辺 $[B_n(t), L(t)]$ が0階の微分作用素になるように係数を決定していこう．そのためには「擬微分作用素」という難しげな概念が必要になる．まず試みにシュレディンガー作用素 $L = L(t)$ の冪を計算してみる．自然数 n に対して

$$L^n = \partial^{2n} + 2nu\partial^{2n-2} + 2n(n-1)u_x\partial^{2n-3}$$
$$+ \left\{ 2\binom{n}{2}(u_{xx} + 2u^2) + 8\binom{n}{3}u_{xx} \right\} \partial^{2n-4} + \cdots$$

となる．結構面倒な計算だ．ここであえて $n = \dfrac{3}{2}$ と置いてみよう．そうすると

$$L^{3/2} = \partial^3 + 3u\partial + \frac{3}{2}u_x + \left\{ \frac{1}{4}u_{xx} + \frac{3}{2}u^2 \right\} \partial^{-1} + \cdots$$

という「式」が出来上がる．「∂^{-1} とは一体何ですか？」とは広田良吾先生ならずとも尋ねたくなるところだ．これが擬微分作用素だ．そもそも微分作用素はフーリエ変換を介して積分作用素として書ける．だから「中途半端な微分」である ∂^{-1} や分数階の作用素もヘルマンダーの流儀のように積分を用いてあらわすことはできる．しかしここは1変数なので，難しいことを言わずに形式的に捉えることが可能である．そもそも「函数に作用する」と思うからややこしくなるのだ．ライプニッツの法則

$$\partial^n f = \sum_{k=0}^{\infty} \binom{n}{k} \frac{\partial^k f}{\partial x^k} \partial^{n-k} \qquad (n \in \mathbb{Z})$$

を積とする非可換環の元だと考えれば恐くも何ともない．二項係数も恐るるに

足らず．たとえば

$$\partial^{-1}f = \sum_{k=0}^{\infty} (-1)^k \frac{\partial^k f}{\partial x^k} \partial^{-1-k}, \quad \partial^{-2}f = \sum_{k=0}^{\infty} (-1)^k (k+1) \frac{\partial^k f}{\partial x^k} \partial^{-2-k}$$

のように計算できる．このような「作用素」のなす環

$$\mathscr{E} := \left\{ P = \sum_{i=0}^{\infty} p_i \partial^{N-i} \, ; \, N \in \mathbb{Z} \right\}$$

を「擬微分作用素環」と呼ぶ．「微分作用素環」

$$\mathscr{D} := \left\{ P = \sum_{i=0}^{N} p_i \partial^{N-i} \, ; \, N \in \mathbb{N} \right\}$$

は $\mathscr{E}$ の部分環である．$\mathscr{E}$ から $\mathscr{D}$ への射影

$$(\cdot)_+ : \mathscr{E} \longrightarrow \mathscr{D}$$

を，

$$P = \sum_{i=0}^{\infty} p_i \partial^{N-i}$$

に対して

$$(P)_+ := \sum_{i=0}^{N} p_i \partial^{N-i}$$

により定義する．

●命題 12-1

$B_n := (L^{n/2})_+$ とすれば $[B_n, L]$ は 0 階の微分作用素である．

●証明

$$B_n^c := B_n - L^{n/2} = p\partial^{-1} + \cdots$$

と置く．これは -1 階の擬微分作用素である．もちろん

$$L^{n/2} = B_n - B_n^c.$$

そこで括弧積を考えれば，

$$[B_n, L] = [L^{n/2}, L] + [B_n^c, L] = [B_n^c, L]$$

がわかる．左辺は微分作用素であることに気をつける．一方，右辺は

$$[B_n^c, L] = [p\partial^{-1} + \cdots, \partial^2 + 2u] = (p\partial + \cdots) - (p\partial + \cdots),$$

すなわちこれは 0 階の微分作用素である．証明終わり．

KP 階層

このようにしてラックス方程式を満足するような微分作用素の階層 B_n $(n = 1, 2, 3, \cdots)$ が見つかったが，n に応じて「時間変数」もたくさん準備しよう．すなわち無限個の変数 t_n $(n = 1, 2, 3, \cdots)$ を導入し，ポテンシャル函数 $u = u(t_1, t_2, t_3, \cdots)$ もこれらを変数に持つとする．そうしてラックス方程式の階層

$$\frac{\partial L}{\partial t_n} = [B_n, L], \qquad B_n = (L^{n/2})_+ \qquad (n = 1, 2, 3, \cdots)$$

を考える．ここからポテンシャル u に関する無限個の発展方程式が得られる．これを「KdV 階層（KdV hierarchy）」と呼ぶ．ここで注意を二つ．n が偶数のとき，$L^{n/2}$ はそれ自身，微分作用素である．つまり $B_n = L^{n/2}$. したがって括弧積は $[B_n, L] = 0$ となり，方程式は自明になってしまう．つまり偶数変数 t_2, $t_4, \cdots$ は不必要だ．ラックス方程式は固有値を不変にする変形を記述していたのだが，偶数番目は「自明な変形」になっているのだ．そこで初めから時間変数は $t_1, t_3, \cdots$ だとしてよい．また $n = 1$ に対するラックス方程式は，$B_1 = \partial$ より

$$2\frac{\partial u}{\partial t_1} = [\partial, \partial^2 + 2u] = 2\frac{\partial u}{\partial x}$$

となる．つまり u において二つの変数 x と t_1 は同じ働きをしている．そこでこれらを同一視して単に t_1 と書くことにする．数学的には空間変数と時間変数の区別をしないということだ．

上で $L^{n/2}$ という擬微分作用素を考えた．当たり前のことだが，$L^{n/2} = (L^{1/2})^n$ である．$L^{1/2}$ という 1 階の擬微分作用素が 2 乗するとシュレディンガー作用素になっている，という状況で話が進んでいたのだった．それならばいっそのこと，初めから 1 階の擬微分作用素

$$L := \partial + u_2 \partial^{-1} + u_3 \partial^{-3} + \cdots \in \mathcal{E}$$

という設定にしたらどうだろうか．ラックス方程式は自然に立てられる．

$$\frac{\partial L}{\partial t_n} = [B_n, L], \qquad B_n = (L^n)_+ \qquad (n = 1, 2, 3, \cdots).$$

これらがポテンシャル函数 u_k たちの発展方程式の系を与えるのだ．たとえば

$n = 2, 3$ についてのラックス方程式を連立させれば，$u = u_2$ に関する次の発展方程式が得られる．

$$3u_{t_2 t_2} - (4u_{t_3} - u_{t_1 t_1 t_1} - 12uu_{t_1})_{t_1} = 0.$$

これは 2 次元 KdV 方程式とか KP 方程式と呼ばれる有名な非線型微分方程式である．

「カドムツェフ-ペトヴィアシュヴィリ，舌を噛みそうですね．」

と言いながら佐藤先生は黒板に Kadomtsev-Petviashvili と書いた．実際には，舌を噛まずに下唇を噛まなくてはならない．具体的にこのような方程式が導出されることに鑑みて，上のラックス方程式の階層を「KP 階層（KP hierarchy）」と呼ぶ．KP 階層において，擬微分作用素 L に「L^2 が微分作用素になる」という条件を課したものが KdV 階層であることが見て取れるだろう．一般に「L^r が微分作用素」という条件を課すことを KP 階層の「r-還元（r-reduction）」という．自動的に変数 $t_r, t_{2r}, t_{3r}, \cdots$ が不必要になる．

このような微分方程式論は「解析学」と言えるだろうか．むしろライプニッツの法則を加味した「代数学」ではないだろうか．だから「代数解析学」なのだが，二項係数が中心的な役割を果たすことを重く見れば「組合せ論」と言ってもよいだろう．

佐藤先生の講義をもう少し聴いてみよう．学部 2 年生ぐらいで習う常微分方程式の求積法で「リッカチ方程式」というのが扱われる．$u = u(x)$ に関する 1 階の方程式で

$$\frac{du}{dx} = p(x) + q(x)u + u^2$$

という形をしている．これは残念ながら一般には求積できない．ただし特殊解 u_0 が見つかれば $u = u_0 + \dfrac{1}{w}$ とおいて w に関する 1 階線型微分方程式が得られる．したがって求積法で一般解が求められる．また，唐突ではあるが「コール-ホップ変換」

$$u = -\frac{d}{dx}\log v$$

を施して未知函数を $v = v(x)$ に取り替えると，2階線型微分方程式

$$\frac{d^2 v}{dx^2} - q(x)\frac{dv}{dx} + p(x)v = 0$$

が得られる．逆に v に関するこの線型方程式から変換

$$v = \exp\left(\int u\,dx\right)$$

によりリッカチ方程式が導出される．つまりリッカチ方程式は2階線型斉次微分方程式と等価なのだ．当たり前だが「線型化」されたら何もかもわかる，という具合にはなっていない．だからこそ特殊函数論があるのだ．さて，この線型方程式の解の基本系を $\{\phi_1, \phi_2\}$ とすれば，リッカチ方程式の一般解は，コール-ホップ変換をにらんで

$$u = -\frac{d}{dx}\log(c_1\phi_1 + c_2\phi_2)$$

であることがわかる．ここで c_1, c_2 は定数．これよりリッカチ方程式の一般解全体は定数 (c_1, c_2) の「比の空間」，すなわち1次元射影空間をなすことが結論される．詳しくは[60]などを見られたい．

　実は佐藤先生の理論研での講義にはリッカチ方程式は登場していない．上で述べたことは，完全に「アトヅケ」である．講義は「τ-函数」の話に移っていった．

τ-函数としてのシューア函数

　リッカチ方程式はコール-ホップ変換で線型化された．偏微分方程式でもたとえば「バーガーズ方程式」というものがあり，これもやっぱり同じ変換で線型化される．だから KdV や KP も何らかの変換で線型方程式になるのではないか，と期待する．非線型よりは線型の方が扱いやすい．数学者はこういうときに，いろいろ考えてしまってなかなか手が動かない．その点，物理や工学系の人は，ある意味やみくもに邁進する．彼らが物事を考えない，などと失礼な

ことを言っているのではない．その「愚直さ」が数学者にはうらやましく思えるときがある，ということなのだ．結局「正しい変換」にたどり着いたのは数理物理学者，広田良吾先生である．KdV 階層の $L = \partial^2 + 2u$ のポテンシャル u を次のように変換する．

$$u = \left(\frac{d}{dt_1}\right)^2 \log \tau.$$

厳密にはこの式は τ を定義していないが（積分定数は？）そこは気にしないし不都合もない．ラックス方程式から導出される u についての発展方程式系を新たな従属変数 τ に関するものに書き直すことができる．しかし残念ながらそれは線型方程式ではなく「双線型方程式」になるのだ．

　双線型方程式とは何か．簡単のためまず 1 変数の場合を説明しよう．いま $P(x)$ を変数 x の多項式とする．$(f(x), g(x))$ という（微分可能な）函数のペアに対して

$$P(D_x)f \cdot g := P\left(\frac{\partial}{\partial y}\right)f(x+y)g(x-y)\bigg|_{y=0}$$

のように「双線型微分作用素」$P(D_x)$ を定義する．左辺の $f \cdot g$ は積ではなく，単に順序対を表している．もちろん f と g それぞれに関して線型なのだ．だから双線型．右辺で g の中身が $x+y$ であれば単なる積の微分だが，$x-y$ となっているためライプニッツの法則を使って g を微分するたびに符号 -1 が飛び出してくる仕掛けになっている．いわば「符号つきライプニッツ」とでも言うべきルールに従うのだ．たとえば

$$D_x^2 f \cdot g = f_{xx}g - 2f_x g_x + f g_{xx}$$

となる．また奇数 n に対して

$$D_x^n f \cdot f = 0$$

が常に成立する．多変数でも定義は同様である．このような新たなルールの創始者に敬意を表して「広田の微分作用素」と呼ぶこともある．ご本人による解説書[61]を見られたい．

　この形式を用いれば KdV 方程式は

$$(D_1^4 - 4D_1 D_3)\tau \cdot \tau = 0$$

となる．KdV 方程式の「広田表示」と呼ばれる有名な式だ．ただしここで

$D_j := D_{t_j}$ と略記している.

　非線型発展方程式がひとたび広田表示されれば，一種の摂動法で「ソリトン解」が求められる．これが広田の直接法の真骨頂なのだが，それは[61]に譲ろう．ポテンシャル u のままではソリトン解の形は複雑なのだが，τ としてのソリトン解は，行列式を用いて書かれるなど良い性質を内包している．だから τ の方が扱いやすい．古典解析学とのつながりで言えば，ポテンシャル函数と τ-函数の関係は楕円函数とテータ函数の関係と同じだ.

　今は KdV 階層の L について述べたが，KP 階層の

$$L := \partial + u_2 \partial^{-1} + u_3 \partial^{-3} + \cdots$$

でも

$$u_2 = \left(\frac{d}{dt_1} \right)^2 \log \tau$$

という変換でよい．また一般の $u_k (k = 2, 3, 4, \cdots)$ も共通の τ を用いて，その微分有理式で書けることがわかる．つまり KP 階層において未知函数 τ は一つで十分なのだ．KP 階層に現れる広田方程式の最初のいくつかを挙げよう.

$$(D_1^4 - 4D_1 D_3 + 3D_2^2)\tau \cdot \tau = 0,$$
$$(D_1^3 D_2 + 2D_2 D_3 - 3D_1 D_4)\tau \cdot \tau = 0,$$
$$(D_1^6 - 20D_1^3 D_3 - 80D_3^2 + 144D_1 D_5 - 45D_1^2 D_2^2)\tau \cdot \tau = 0,$$
$$(D_1^6 + 4D_1^3 D_3 - 32D_3^2 - 9D_1^2 D_2^2 + 36D_2 D_4)\tau \cdot \tau = 0$$

となっている．作用素 D_j の次数を j と数えることにすれば，これらは斉次式である．KdV 階層は KP 階層の「2-還元」であった．広田方程式のレベルでは，それは「偶数番号の D を 0 とする」ことに対応する．前に注意したように D の個数が奇数のとき $\tau \cdot \tau$ に対する方程式は自明になってしまうので，KdV 階層においては奇数斉次の広田方程式はすべて自明であり，考える必要はない.

　ソリトン解やテータ函数解よりもずっと易しい解がある．τ のレベルで多項式，ポテンシャルのレベルで有理式となっている解だ．たとえば KdV 階層の解を $\tau = at_1^3 + bt_3$ と置いて探す．代入して計算すれば $b = -3a$ が出る．双線型なので二つの解の和は解であるとは限らないが，スカラー倍は大丈夫だ．したがって特殊解として

$$\tau = \frac{1}{3}t_1^3 - t_3$$

が得られる．これが「シューア函数」だ．ようやく今回の主役が登場した．変数 t_j の次数を j と勘定するのが自然だ．そうすると上の解は3次の斉次解ということになる．それでは，というわけで，4次，5次と探しても存在しない．次に見つかるのは6次の斉次解

$$\tau = \frac{1}{45}t_1^6 - \frac{1}{3}t_1^3 t_3 + t_1 t_5 - t_3^2$$

である．

シューア函数を定義するために対称群の指標表 $X(\mathfrak{S}_n)$ が必要となる．第11講を参照されたい．自然数 n の分割 λ に付随するシューア函数とは次の多項式である．

$$S_\lambda(t) = \sum_{\rho \in P(n)} \chi^\lambda(\rho) \frac{t_1^{m_1} t_2^{m_2} \cdots t_n^{m_n}}{m_1!\, m_2! \cdots m_n!}.$$

ただしここで右辺は $\mathfrak{S}_n$ の共軛類

$$\rho = (1^{m_1} 2^{m_2} \cdots n^{m_n}) \in P(n)$$

を渡る和である．もちろん

$$m_1 + 2m_2 + \cdots + nm_n = n$$

であるから，$S_\lambda(t)$ は次数 n の斉次多項式である．シューア函数の住処を用意しよう．

$$V := \mathbb{Q}[t_j\,;\, j \geqq 1] = \bigoplus_{n=0}^{\infty} V_n.$$

部分空間 V_n は $\deg t_j = j$ と勘定したときの n 次斉次部分である．次数の入れ方から $\dim V_n = p(n)$ であることがわかるだろう．n の分割数である．V に内積を入れる．$F(t), G(t) \in V$ に対して

$$\langle F, G \rangle := F(\tilde{\partial}_t)G(t)\big|_{t=0}.$$

ただし

$$\tilde{\partial}_t = \left(\frac{\partial}{\partial t_1}, \frac{1}{2}\frac{\partial}{\partial t_2}, \frac{1}{3}\frac{\partial}{\partial t_3}, \cdots, \frac{1}{j}\frac{\partial}{\partial t_j}, \cdots \right)$$

と略記した．この内積でシューア函数は互いに正規直交する．すなわち

$$\langle S_\lambda, S_\mu \rangle = \delta_{\lambda\mu}$$

なのである．次数が異なるものについては内積の定義から直交性は明らかだ．

また次数が等しい場合は，対称群の「指標の直交関係（第1直交関係式）」からの帰結であることに注意して欲しい．以上により，シューア函数の全体

$$\{S_\lambda(t) ; \lambda \in P(n), n \geqq 0\}$$

は無限変数多項式環 V の基底となる．つまり任意の多項式はシューア函数の一次結合として一意的に表されるのだ．

　このシューア函数，多くの数学者を魅了しているが，それにはちゃんとした理由がある．ここでは対称群の指標を用いた定義をしたが，シューア函数とはもともとは一般線型群の既約指標なのだ．詳しくは補講2時限で述べるが，一般線型群 GL_N の有限次元（多項式）既約表現は，長さが N 以下のヤング図形 λ でラベル付けられる．そしてその指標は「ワイル（-カッツ）の指標公式」により明示的に書かれる．これについては第5講で触れた．GL_N の既約指標なので，N 次正方行列の固有値 $x_1, x_2, \cdots, x_N$ の対称多項式になる．そこで

$$t_j = \frac{1}{j}(x_1^j + x_2^j + \cdots + x_N^j) \qquad (j = 1, 2, 3, \cdots)$$

により新しい「変数」を導入すると，既約指標は t_j たちの多項式になる．これが $S_\lambda(t)$ にほかならない．だから佐藤先生は講義の中でシューア函数ではなく「指標多項式」と呼んでいた．シューア函数はマクドナルドの "the Book"[62] での名称である．では，なぜ一般線型群の既約指標に対称群の既約指標が登場するのか．実は「シューア-ワイルの相互律」と呼ばれる定理がある．GL_N が $\mathbb{C}^N$ に自然に作用する．

　「この作用を□と書くわけです．」

　佐藤先生の講義はこんな感じなのだ．ここからあっという間にテンソル空間 $(\mathbb{C}^N)^{\otimes n}$ の $GL_N \times \mathfrak{S}_n$-加群としての既約分解にまで飛翔する．詳しくは述べないが，要するに一般線型群と対称群は深い関係にある．お互いに相手の表現に関与しているのだ．対称群の既約指標を用いたシューア函数の表示を「フロベニウスの公式」と呼ぶこともある．ワイルの指標公式はシューア函数，すなわち一般線型群の既約指標を行列式の比として表すものである．ところが，これを行列式そのもので表す公式も知られている．「ヤコビ-トゥルディの公式」と

呼ばれているものだ．[62] をご覧いただきたい．この行列式表示が，シューア
函数と KP 階層の関係で決定的な役割を果たす．

佐藤先生による KP 理論の重要な一里塚は次の定理である．

●定理 12-2

多項式

$$\tau(t) = \sum_\lambda \xi_\lambda S_\lambda(t) \in V$$

が KP 階層の解（τ-函数）であるための必要十分条件は係数 $\{\xi_\lambda\}$ がプ
リュッカー関係式を満たすことである．

少し説明が必要だろう．シューア函数の全体は V の基底をなすことは上で
述べた．したがって KP 階層の解であるためには，シューア函数で展開したと
きの係数に条件がつくはずである．その条件が「プリュッカー関係式」と呼ば
れる無限個の方程式の族である，というのが主旨である．プリュッカー関係式
とは，グラスマン多様体を大きな射影空間に埋め込むときの定義方程式のこと
だ．例として

$$\xi_{(2,2)}\xi_0 - \xi_{(2,1)}\xi_{(1)} + \xi_{(2)}\xi_{(1,1)} = 0$$

がよく挙げられる．$GM(2,2)$ と書かれる 4 次元のグラスマン多様体を 5 次元
の射影空間 $\mathbb{P}^5$ に埋め込む際の定義方程式である．一般にプリュッカー関係式
は ξ_λ 達の 2 次の斉次式である．したがって定理により，単独のシューア函数
$S_\lambda(t)$ は常に KP 階層の解であることがわかる．KP 階層の解 $\tau(t)$ が偶数番号
の変数 t_{2j} に依存しなければ，それは KdV 階層の解にもなっている．シューア
函数 $S_\lambda(t)$ がそうなるためには分割 λ がいわゆる「2-コア（2-core）」であるこ
とが必要十分だ．そして 2-コアは階段状のヤング図形

$$\lambda = (r, r-1, r-2, \cdots, 2, 1)$$

にほかならない．そう，前に述べた KdV 階層の 3 次斉次の解は $S_{(2,1)}(t)$ だし，
6 次のものは $S_{(3,2,1)}(t)$ である．素数 p に対する「p-コア」は対称群の標数 p
のモジュラー表現論で重要な役割を果たす．だから，と直接すぐに結びつくわけ
ではないのだが，KP 階層の「p-還元」はモジュラー表現と関係する．

　実際には佐藤先生は KP 階層の広田表示をいろいろ書き直しているなかで，プリュッカー関係式が本質的であることに気づかれたという．その途端に「KP 階層はグラスマン多様体上の力学系である」という壮大な理論の全体の描像が見えたであろうことは想像に難くない．もちろん技術的な難所はいくらでもあるし，特に無限次元グラスマン多様体のうまい導入にはアイデアが必要だった．現在「佐藤グラスマン多様体」あるいは「普遍グラスマン多様体」と呼ばれている概念である．細部にわたるきっちりとした議論は野海正俊氏によるノート[63]が唯一の文献である．本講では函数も多項式に限って有限次元の範囲で，その組合せ論的な側面に重点を置いたつもりだ．

そして私は

　佐藤先生の理論研での講義は 4 時間を超えていた．いつしか窓の外は夜の帳が降りている．まだまだ話し足りないことはたくさんあるが，また明日，ということでお開きになった．

　そしてこの講義を聴いたことが私の人生を決定づけたといっても大袈裟ではない．もちろん聴いてすぐに理解できたわけはないが，途中で話されたヤング図形のいろいろな組合せ論的な構造は「自分でも計算してみよう」と意欲をかき立てるに十分であった．その後しばらくは一般線型群の既約表現のテンソル積の分解ばかりに熱中していたことを思い出す．

　　俺にはおもちゃが要るんだ　おもちゃで遊ばなくちゃならないんだ

中原中也

　数年後，当時，広島大学助教授だった脇本實氏との研究でヴィラソロ代数の特異ベクトルがシューア函数で書けることを見つけ，また KP 階層の広田表示との関係も垣間見た．おもちゃだったシューア函数が初めて仕事になったのである．それから 40 余年，常にシューア函数を軸にして仕事をしてきた．ヴィラソロ代数で出てきたシューア函数は，長方形のヤング図形に付随するものであり，非線型シュレディンガー方程式との関係は長い間，気になっていた．池田岳氏との研究で「なぜ長方形なのか」がわかって嬉しかった．脇本氏との研

究で「垣間見えた」ヴィラソロ代数と KP の広田表示との関係は，私にとって未だに謎である．共形場理論とはまた違った側面があるだろうと想像しているのだが，少なくとも私には本質はまだわからない．今後も自らの課題としていきたい．

　佐藤先生の竹原での講義に沿って書いてきたが，数学的な記述は，もちろん記憶だけではなく，いろいろ書かれたものを参照した．特に 1981 年 2 月の東京大学，5 月の名古屋大学の佐藤幹夫教授集中講義については，村瀬元彦氏による「奇跡のノート」がある．今回，原稿を準備するに当たり久し振りに読み直して，新たな感銘を受けたのである．

　ようやく本編をすべて書き終えてほっとしている．各講，全力投球で原稿に臨んだ．月並な入門書にしたくなかった．自ら関わった数学を通して組合せ論の奥深さを伝えたかった．だから「これって山田さんにしか書けないよね」という同業者のコメントに素直に喜んだ．すべての読者に感謝したい．ありがとう．
　今，密やかな感動とともに筆を擱く．

補講

置換の手ほどき

置換とアミダ

　大学1年生に線型代数学を講義する際,「置換」に触れる必要がある. 行列式の定義に置換の符号が登場するためだ. 私は置換が好きなこともあり, 必要以上に詳しく話をしてしまう傾向がある. この補講1時限では「置換の楽しみ」について思いつくままにお喋りをしよう. 本編と重複する箇所があるかも知れないがご容赦いただきたい.

　まずは記法から始めよう. 自然数 n を固定し, $[n] := \{1, 2, \cdots, n\}$ とおく.
$$\mathfrak{S}_n := \{\sigma : [n] \longrightarrow [n] ; 全単射\}$$
を n 次の対称群と呼ぶことはよいだろう. 群構造はもちろん写像の合成で入れる. $\mathfrak{S}_n$ の元 σ による数 i の行き先を通常通り $\sigma(i)$ と書く. また σ を $1, 2, \cdots, n$ の行き先を順番に並べて
$$\sigma = \sigma(1)\sigma(2)\cdots\sigma(n)$$
のように数字の順列として表すことも多い. 明らかに元の個数は $|\mathfrak{S}_n| = n!$ だ. 元 σ は数字を置き換えているので「置換(permutation)」と呼ばれる. 紛らわしい記法で申しわけないが,
$$\sigma = (j_1, j_2, \cdots, j_l)$$
と括弧に入れた場合は「巡回置換」を表すものとする. つまり
$$\sigma(j_\nu) = j_{\nu+1} \quad (\nu = 1, 2, \cdots, l-1), \quad \sigma(j_l) = j_1$$
である. j_ν として現われていない数は σ で不変とする. 特に長さ2の巡回置換 (i, j) を「互換」と呼ぶのはご存知のとおりである. また長さ1の巡回置換 (j) は恒等置換, すなわち何もしないのと同じである.

　任意の置換は, 共通する文字を持たない巡回置換の積として書ける. 一般的に「証明」を書くことは, いたずらに記号を増やしわかりにくくするだけだ.

例を一つやれば十分だろう．たとえば

$$417396285 = (1, 4, 3, 7, 2)(5, 9)(6)(8)$$

である．次に，勝手な巡回置換は互換の積で書ける．実際

$$(j_1, j_2, \cdots, j_l) = (j_1, j_l)(j_1, j_{l-1}) \cdots (j_1, j_3)(j_1, j_2)$$

であることがすぐにわかる．さらに互換は $(j, j+1)$ の形の，いわゆる「隣接互換」の積で書ける．実際，$i > j$ とするとき

$$
\begin{aligned}
(i, j) = {}& (i, i+1)(i+1, i+2) \\
& \cdots (j-2, j-1)(j-1, j)(j-1, j-2) \\
& \cdots (i+1, i+2)(i, i+1)
\end{aligned}
$$

である．以上により，任意の置換が隣接互換の積として書けることがわかった．いわゆる「アミダの原理」だ．アミダが置換を表していることは一目瞭然だが，任意の置換がアミダとして表現できるかどうかは，経験的に知っていることとは言え，自明なことではない．上の議論により，この事実が確認されたことになる（図 I-1）．

　もちろんアミダとしての置換の表し方は一通りではない．隣接互換，すなわちアミダの「橋」を $s_j := (j, j+1)$ と書くことにすれば次の関係式が成り立つ．

$$
\begin{aligned}
& s_j^2 = 1 && (j = 1, 2, \cdots, n-1), \\
& s_i s_j = s_j s_i && (|i-j| > 1), \\
& s_j s_{j+1} s_j = s_{j+1} s_j s_{j+1} && (j = 1, 2, \cdots, n-2).
\end{aligned}
$$

　これらの関係式は互いに独立であり，またほかの関係式はすべてこの3式から導出される．その意味でこれらは「基本関係式」なのである．つまり対称群 $\mathfrak{S}_n$ は生成元 $\{s_1, s_2, \cdots s_{n-1}\}$ とそれらの間の基本関係式で定義されるのだ．アミダにおいて橋の本数が変わるのは一番上の関係式が関係するときだけだ．これ

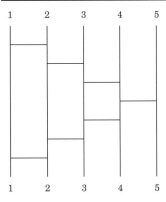

図 I-1 ● アミダの絵

により一つの置換をアミダで表すとき橋の数は2ずつ変わり得る．したがって本数の偶奇は置換により先天的に決まっている．だから「偶置換」，「奇置換」という語が意味を持つ．それでは一つの置換をアミダで表す際に橋は最低何本必要か，という問題が出てくる．[64]などのマトモな線型代数の教科書には載っていることだが，簡単な判定法がある．$\mathfrak{S}_n$ の元 σ に対して，その「転倒数」を

$$l(\sigma) := |\{(i, j) \, ; \, 1 \leqq i < j \leqq n, \ \sigma(i) > \sigma(j)\}|$$

により定義する．たとえば $\sigma = 274196385$ に対しては条件を満たす (i, j) は $(1, 4), (2, 3), (2, 4), \cdots$ 等と数えていけば $l(\sigma) = 15$ であることがわかる．これが求める橋の本数だ．上の σ をアミダで表す際，橋は15本が必要十分なのだ．$l(\sigma)$ のことを「長さ」とも呼ぶ．隣接互換 s_j たちの積で書くときの文字の長さのことだ．「文句数」と呼んだ人がいた．身長がすべて異なる n 人が縦に並ぶ．背の高い人が低い人の前にいると，「前が見えない」という文句がでる．その文句の総数が $l(\sigma)$ だ．

　転倒数をもう少し詳しく見ていこう．$\sigma \in \mathfrak{S}_n$ に対して

$$c_i := |\{j \, ; \, i < j, \ \sigma(i) > \sigma(j)\}| \qquad (i = 1, 2, \cdots, n)$$

とおく．これを並べたもの，$c(\sigma) := (c_1, c_2, \cdots, c_n)$ を σ の「コード」あるいは「レーマーコード（Lehmer code）」と呼ぶ．次の性質は定義から明らかだろう．

$$c_n = 0,$$

$$l(\sigma) = \sum_{i=1}^{n} c_i,$$

$$0 \leqq c_i \leqq n - i \qquad (i = 1, 2, \cdots, n).$$

たとえば $\sigma = 274196385$ のコードは $c(\sigma) = (1, 5, 2, 0, 4, 2, 0, 1, 0)$ である．逆にこのようにコードが与えられたとき，置換を再現できることを見てみよう．コードを右から順に見ていく．そして数を n から順に転倒を考慮しながらしかるべき場所に置いていくのである．この例では

$$9 \to 98 \to 798 \to 7968 \to 79685$$

$$\to 479685 \to 4739685 \to 47396285 \to 417396285$$

注意すべきはこのようにしてできる置換が σ ではなく σ^{-1} であるということだ．読者にはなぜそうなるのかを考えて欲しいと思う．このようにして $\mathfrak{S}_n$ と集合

$$\{(c_1, c_2, \cdots, c_n)\,;\, 0 \le c_i \le n-i\ (i = 1, 2, \cdots, n)\}$$

との間に 1 対 1 の対応がついた．この対応を母函数で表せば

$$\sum_{\sigma \in \mathfrak{S}_n} q^{l(\sigma)} = (1+q)(1+q+q^2)\cdots(1+q+q^2+\cdots+q^{n-1})$$

となる．右辺を $[n]_q!$ と表すのであった．

避パターンの置換

　ここから先はいささか趣味的であり，価値を認めない人もいるかも知れない．もちろん線型代数の講義には不向きであるが，最近，大学院生のセミナーで解説されて，私自身，興味を覚えたことなので忘れないうちに書いておこうと思う．

　私は「形式的冪級数と代数的組合せ論」というちょっと変わった名称の国際会議にほぼ毎年参加している．原則としてアメリカ（カナダ）とヨーロッパで交互に開催されており，最近は観光地や保養地で行われることも多い．ツアーで観光に行ってもそこは数学者，名所旧跡には目もくれず，ずっと数学を議論している連中が多いのは毎度のことだ．その会議でよく演題に上るテーマが「避パターンの置換（pattern-avoiding permutations）」というものだ．いかにも組合せ論のための組合せ論という感じで，奥深さや刺激に欠ける．だから，それこそ「避けて」来たのだが，最近，興味を覚えたのはまさにこれなのだ．シューベルト多項式の理論の予備的な考察として[65]や[66]に紹介されている．

　$\mathfrak{S}_n$ の元 σ が「避 231 置換（231-avoiding permutation）」であるとは，$i < j < k$ で $\sigma(k) < \sigma(i) < \sigma(j)$ を満たすものがないことと定義する．σ の文字列のなかに，飛び飛びに見ても，231，つまり「中大小」という部分列がないということだ．たとえば $\sigma = 132764598 \in \mathfrak{S}_9$ は避 231 置換だ．また $\tau = 172348569 \in \mathfrak{S}_9$ は部分列として 785 という「中大小」が取れるので避 231 ではない．一般に $\sigma \in \mathfrak{S}_n$ に対して「逆向き置換」$\bar{\sigma} \in \mathfrak{S}_n$ を

$$\bar{\sigma} = \sigma(n)\sigma(n-1)\cdots\sigma(2)\sigma(1)$$

により定義しておこう．上の例では $\bar{\sigma} = 895467231$ である．当たり前のことだが σ が避 231 ならば $\bar{\sigma}$ は避 132 である．したがって $\mathfrak{S}_n$ のなかで避 231 置換の個数と避 132 置換の個数は等しい．この個数 d_n を求めることを問題にしよう．

すぐに $d_1 = 1$, $d_2 = 2$, $d_3 = 5$ がわかる.

　一般的な考察をする. もし σ の最初の文字が 1 ならば, 231 というパターンにこの 1 は関与せず, 2 番目からの $n-1$ 文字の列に 231 のパターンがあるかどうか, という問題になる. よって "最初が 1 ならば避 231 の個数は d_{n-1} である" ことがわかる. 次に, σ の最初の文字が 2 ならばどうか. 2 番目が 1 でなければ, 1 は 3 番目以降. したがって 231 のパターンが登場する. よって避 231 となるためには 2 番目は 1 でなければならない. つまり, "最初が 2 ならば避 231 の個数は d_{n-2} である". しつこいが, 最初の文字が 3 である場合も考えよう. この場合, 避 231 となるためには, 1 と 2 が 2 番目と 3 番目にいなければならない. つまり最初の 3 文字が 312 か 321 でなければならない. だから "最初が 3 ならば避 231 の個数は $2d_{n-3}$". 帰納的に考えて "最初が k ならば避 231 の個数は $d_{k-1}d_{n-k}$ である" ことが結論される. 以上により次の漸化式が得られる.

$$d_n = \sum_{k=1}^{n} d_{k-1}d_{n-k} \qquad (n \geqq 2).$$

ここでは $d_0 = 1$ と約束しておくべきだった. さて, この式をどこかで見た記憶がないだろうか? そう. 第 2 講のカタラン数 C_n の漸化式そのものである. 初期条件を考慮して, 明示的な式

$$d_n = \frac{1}{n+1}\binom{2n}{n}$$

を得る. 組合せ論の専門家ならば誰でもよく知っている基本的な事実なのだろうが, 私にとっては新鮮な驚きであった.「置換の専門家」を自称する以上, もっと前からわきまえていなければいけなかった. 同じような議論により避 213 置換の個数, したがって避 312 置換の個数もカタラン数に等しいことがわかる. 最後に残るのが避 123 と避 321 の個数であるが, 実はこれもカタラン数に等しいことが証明される. [66] を見られたい. 余談だが [66] はもともと 1998 年にフランス数学会からフランス語で出版されたものである. そこでは 321-avoiding という意味の即物的なフランス語ではなく, presque croissante, すなわち「ほとんど増加」という表現が用いられている. 誰しも疑問に思うことだろうが, なぜ「三日月」と「増加」が同じ単語なんだろう ([67] 参照).

Dyck経路ふたたび

　さて，避231置換に戻ろう．逆向きにして，避132置換を考える．個数はカタラン数なので第2講で考察したDyck経路と1対1の対応があるはずだ．それを与えるために，図形的な準備をおこなう．

　縦横がちょうどnの正方形のヤング図形を書く．いつものように行列の言葉遣いで，上からi番目，左からj番目のマス目を(i, j)成分などと呼ぶ．$\mathfrak{S}_n$の元σが与えられたとき，各iに対して$(i, \sigma(i))$を曲がり角とするフックをマークする．今回はフックを取り除くのではなく，ただマークするだけである．そしてマークされていない残りの部分$D(\sigma)$を「ローテ図形（Rothe diagram）」と呼ぶ．たとえば$n = 6$で$\sigma = 365142$ならばローテ図形は次のようになる．マークしたフックの部分も併せて描いておいた方がわかりやすい（図 I -2）．

　ローテ図形$D(\sigma)$を式で書けば

$$D(\sigma) = \{(i, j) \; ; 1 \le i, j \le n, \; \sigma(i) > j, \; \sigma^{-1}(j) > i\}$$

となる．いきなりこの式を見せられても戸惑うが，意味は上で述べたようになる．ローテ図形について次の二つの性質は読者の演習問題にしておこう．

（1）　$D(\sigma^{-1}) = {}^t D(\sigma)$，すなわち$\sigma^{-1}$のローテ図形は$\sigma$のそれと縦横を入れ替えたものになっている．

（2）　ローテ図形の第i行のマス目の個数はc_iに等しい．したがって特に$|D(\sigma)| = l(\sigma)$である．

ここで定理がある．

●定理 I-1

　$\sigma \in \mathfrak{S}_n$が避132置換であるための必要十分条件は，そのローテ図形

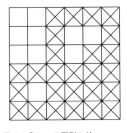

または

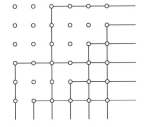

図 I-2 ●ローテ図形の絵

がヤング図形となっていることである。すなわち

$$c_1 \geqq c_2 \geqq \cdots \geqq c_n$$

を満たすことである。

　証明を読む前に，$\sigma = 895467231 \in \mathfrak{S}_9$ などを用いて自身で考えてもらいたい。組合せ論は所詮，お遊びなのだから自分で楽しまなければもったいない。この σ は避 132 置換でそのコードは $c(\sigma) = (7, 7, 4, 3, 3, 3, 1, 1, 0)$ である。

●証明

　証明は実は簡単だ。まず避 132 置換の初めの文字が 1 だったら，それは恒等置換 $12\cdots n$ にほかならないことに注意する。一般に σ が恒等置換でない場合，そのローテ図形の作り方から，それが連結であればヤング図形になる，ということに気がついて欲しい。さて恒等置換とは異なる σ が，避 132 ではないと仮定しよう。つまり $i < j < k$ で $\sigma(i) < \sigma(k) < \sigma(j)$ を満たすものがあるとする。このときローテ図形において $(j, \sigma(k)) \in D(\sigma)$ が見て取れる。ところがこのマス目は $(1, 1)$ とつながってはいない。したがって連結ならば避 132 であることが確かめられた。逆の主張も同様に考えればわかる。

　定理 I-1 から σ が避 231 置換ならば σ^{-1} もそうであることがわかる。実際，σ のローテ図形としてのヤング図形の転置ができるのである。さて，一般に $\sigma \in \mathfrak{S}_n$ のコードについては $c_i(\sigma) \leqq n-i$ であった。したがって避 231 置換 σ のヤング図形の「湾岸道路」，すなわち東南側の境界線を下から上にたどる経路は Dyck 経路にほかならないことがわかるだろう。すなわち $(n, 1)$ と $(1, n)$ を結ぶ斜めの線分よりも上側を通り，決してこの立入り禁止線を超えることはない。逆に Dyck 経路があれば，そこからヤング図形をつくり，それをローテ図形とするような避 231 置換ができる。つまり Dyck 経路の全体と避 231 置換の全体との間に全単射ができたことになる（図 I-3）。

　せっかくローテ図形を導入したので最後にもう一つ，応用を述べる。$\mathfrak{S}_n$ の元 σ のローテ図形をまず描こう。各 i について第 i 行のマークされていないマス目に，右から $i, i+1, i+2, \cdots$ のように数を書き入れる。たとえば $\sigma =$

274196385 ∈ 𝔖₉ であれば図 I-4 のようになる.

　次に第 1 行から順に書かれた数字を左から右に読んでいく. 例では 165432438765768 となる. このとき $\sigma = s_1 s_6 s_5 \cdots s_6 s_8$ である, というのが結論だ. ここで $s_j = (j, j+1)$ は隣接互換をあらわす. 長さを考えればこれが「最短表示」(の一つ)であることもわかる. つまりローテ図形からもともとの σ の最簡アミダ表示が求められるのである. この事実の証明はここには書かない. 自分で考えればきっとできる. もしわからなければ, [66] を見ればよい.

　文中で述べたように後半の話題は [66] を読む大学院のセミナーから得たものである. 修士学生だった安東雅訓に教わった部分も多い. ここに感謝したい.

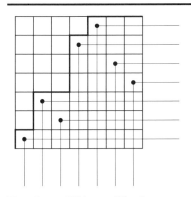

図 I-3 ● ローテ図形と Dyck 経路の絵

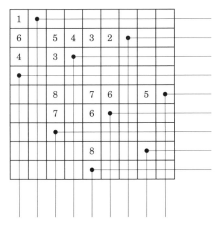

図 I-4 ● ローテ図形に数字の絵

一般線型群の表現

一般線型群の表現とその指標

　本編では表現論をおもに対称群に限って説明してきた．豊かな組合せ論を提供してくれる題材ではあるが，実はこれだけでは片手落ちなのだ．どこまで詳しく説明できるか心もとないが，この補講では車の両輪のもう一方，一般線型群の表現論について述べることにしたい．

　十分大きな自然数 N を固定しよう．後ほど分割(ヤング図形)λ が登場するが，そのサイズ $|\lambda|$ 以上の N ならば不都合はない．ベクトル空間 $\mathbb{C}^N$ 上の可逆線型変換全体のなす群 $GL_N = GL(N, \mathbb{C})$ を「一般線型群(general linear group)」と呼ぶ．学部 2 年生あたりの群論の講義で最初に出てくる例の一つだ．後ほどもう少しきちんと書くつもりだが，よく知られた事実として "GL_N の有限次元既約表現は長さが N 以下の分割 λ で分類される" というのがある．正確には「有限次元多項式既約表現」と言わなければいけない．k 次元の表現とは準同型写像 $\rho : GL_N \to GL_k$ のことであった．行き先の行列の各成分は GL_N の，すなわち定義域の行列の成分の函数になっている．これらの函数が多項式のとき「多項式表現」，有理式のとき「有理表現」と呼ばれる．「有理数体上の表現」という意味ではないので注意が必要だ．たとえば $N = 2$ のとき

$$\rho \begin{pmatrix} a & b \\ c & d \end{pmatrix} = \begin{pmatrix} a^2 & ab & b^2 \\ 2ac & ad+bc & 2bd \\ c^2 & cd & d^2 \end{pmatrix}$$

は 3 次元の多項式既約表現である．分割を用いて $\rho = (2)$ と表される．また GL_N の 1 次元表現

$$\rho(g) = (\det g)^\alpha$$

は α が非負整数のときに限り多項式表現である．対応する分割は (α^N) である．α が（負も許した）整数のときには有理表現になる．一般に GL_N の有理表現は多項式表現と $(\det)^\alpha\ (\alpha\in\mathbb{Z})$ とのテンソル積であることが知られている．証明はたとえば [51] を見られたい．上の $\rho=(2)$ の表現の指標は右辺の行列のトレースを取って

$$\chi_{(2)}(g) = a^2+ad+bc+d^2$$

である．ただし

$$g = \begin{pmatrix} a & b \\ c & d \end{pmatrix}$$

とおいた．指標は類函数，すなわち g の相似変換で不変である．線型代数で習うように，任意の $g\in GL_N$ に対し，適当な $h\in GL_N$ をとれば $h^{-1}gh$ は上三角行列になる．このとき対角成分に固有値が出てくる．だから GL_N の表現の指標は固有値の函数になる．特に多項式表現の場合は固有値の対称多項式になるのだ．たとえば $N=2$ の場合，g の固有値を y_1, y_2 とするとき

$$\chi_{(2)}(g) = y_1^2+y_1y_2+y_2^2$$

となる．ここで形式的な変数変換をしよう．

$$t_1 = y_1+y_2, \qquad t_2 = \frac{1}{2}(y_1^2+y_2^2)$$

とおくと

$$\chi_{(2)}(g) = \frac{1}{2}t_1^2+t_2$$

である．これが第12講で定義したシューア函数 $S_{(2)}(t)$ にほかならない．繰り返しになるが事実をきちんと述べよう．

●定理Ⅱ-1

一般線型群 GL_N の分割 λ に対応する多項式既約表現の指標 $\chi_\lambda(g)$ は $g\in GL_N$ の固有値 $y_1,\cdots,y_N$ に関する対称多項式であり，変数変換

$$t_j = \frac{1}{j}(y_1^j+\cdots+y_N^j) \qquad (j=1,2,\cdots)$$

によりシューア函数 $S_\lambda(t)$ に一致する．

話は前後するが，分割 λ に対応する一般線型群の多項式既約表現は一体どのように作られるのだろうか．構成法はいろいろ知られていると思うが，ここでは一つだけ紹介しよう．準備するものは N^2 変数の多項式環 $\mathbb{C}[M_N]$ である．変数 x_{ij} $(i, j = 1, \cdots, N)$ を N 次の正方行列 $X = (x_{ij})_{ij}$ の形に並べておこう．つまり $\mathbb{C}[M_N]$ は N 次行列のなす空間 M_N 上の多項式函数全体だと思えばよい．ここに GL_N がかけ算で作用する．すなわち $g \in GL_N$, $f(X) \in \mathbb{C}[M_N]$ に対し，

$$g \cdot f(X) = f(Xg)$$

とするのである．行列 X の「右から」g をかけているがゆえに，これは $\mathbb{C}[M_N]$ への「左作用」であることが見て取れる．学生とのセミナーではこのような右だ，左だという議論にかなりの時間を費やすことになる．

　分割 $\lambda = (\lambda_1, \cdots, \lambda_l)$ を固定し，その転置を ${}^t\lambda = (\mu_1, \cdots, \mu_k)$ と書いておく．もちろん $\mu_1 = l$, $\lambda_1 = k$ である．ここで $l \leq N$ を仮定している．ヤング図形 λ を台とする「半標準盤(semistandard tableau)」とは，1 から N までの整数を次のルールにしたがってマス目に書き入れたものである．

　　（1）　各行で数字は左から右に単調非減少．
　　（2）　各列で数字は上から下に狭義の単調増加．

　ヤング図形 λ を台に持つ半標準盤の全体を $\mathrm{SSTab}_N(\lambda)$ で表す．さて $T \in \mathrm{SSTab}_N(\lambda)$ をとる．T の第 j 列に書かれている数を $T(j) = \{j_1, \cdots, j_{\mu_j}\}$ と小さい順に書いたとき，

$$\xi_{T(j)} := \det(x_{\alpha, j_\beta})_{1 \leq \alpha, \beta \leq \mu_j}$$

と定義する．右辺は変数行列 $X = (x_{ij})$ の小行列式である．これらの列ごとの積

$$\xi_T := \prod_{j=1}^{\lambda_1} \xi_{T(j)}$$

を半標準盤 T に付随する「盤多項式」と呼ぶことにする．例をお見せした方がいいだろう．たとえば $N = 4$ として

$$T = \begin{array}{|c|c|c|c|}\hline 1 & 1 & 2 & 4 \\\hline 2 & 3 \\\cline{1-2} 4 \\\cline{1-1} \end{array}$$

のとき
$$\xi_T = \xi_{124}\xi_{13}\xi_2\xi_4$$
となる．ここで
$$\xi_{124} = \det\begin{pmatrix} x_{11} & x_{12} & x_{14} \\ x_{21} & x_{22} & x_{24} \\ x_{31} & x_{32} & x_{34} \end{pmatrix}$$
などである．この盤多項式が GL_N の既約表現空間の基底となるのである．

●定理 Ⅱ-2 ────────

長さが N 以下の分割 λ に対して盤多項式 $\{\xi_T ; T \in \mathrm{SSTab}_N(\lambda)\}$ は $\mathbb{C}$ 上一次独立であり，$\mathbb{C}[M_N]$ の部分空間
$$W(\lambda) := \bigoplus_{T \in \mathrm{SSTab}_N(\lambda)} \mathbb{C}\xi_T$$
は GL_N の既約表現である．

さて変数行列 $X = (x_{ij})_{ij}$ の一般の小行列式を考えよう．$I = \{i_1, \cdots, i_l\}$，$J = \{j_1, \cdots, j_l\}$ をそれぞれ $\{1, \cdots, N\}$ の部分集合で小さい順に並んでいるものとする．このとき
$$\xi_J^I = \xi_J^I(X) := \det(x_{i_\alpha, j_\beta})_{1 \leq \alpha, \beta \leq l}$$
とおく．もう一つの行列 $g = (g_{ij})_{ij}$ に対して，
$$\xi_J^I(Xg) = \sum_K \xi_K^I(X)\xi_J^K(g)$$
はよく知られている．ここで和は $K = \{k_1, \cdots, k_l\}$ 全体をわたる．これは大学1年生で習う行列式の乗法性の一般化である．ここでもし g が対角行列 $g = (y_i\delta_{ij})_{ij}$ だとしたら
$$\xi_J^I(Xg) = \xi_J^I(X)y_{j_1}\cdots y_{j_l}$$
となることはすぐにわかる．これより盤多項式に対しての公式が得られる．半標準盤 T と，対角成分が $y_1, \cdots, y_N$ の対角行列（あるいは上三角行列）$g \in GL_N$ に対して
$$g \cdot \xi_T = \xi_T y_1^{m_1}\cdots y_N^{m_N}.$$
ここで m_j は T に書かれている数 j の個数である．T の「ウエイト（weight）」を $wt(T) = (m_1, \cdots, m_N)$ により定義し，上式の右辺を簡単に $\xi_T y^{wt(T)}$ と書くこ

とにしよう．定理II-2より表現 $W(\lambda)$ の指標が，すなわちシューア函数 S_λ が

$$\chi_\lambda(g) = \sum_{T \in \mathrm{SSTab}_N(\lambda)} y^{wt(T)}$$

と表示されることがわかる．ここで $y_1, \cdots, y_N$ は g の固有値である．なおここ
で唐突に出てきたウエイトは，リー環 $\mathfrak{gl}_N$ の表現論における正統的なウエイト
と同じものだということを注意しておく．二つのウエイト $(m_1, \cdots, m_N)$ と $(m_1', \cdots, m_N')$ の間に大小関係を入れよう．$(m_1, \cdots, m_N) > (m_1', \cdots, m_N')$ というのを，
ある j に対して $m_1 = m_1', \cdots, m_j = m_j'$ かつ $m_{j+1} > m_{j+1}'$ と定義する．いわゆる
辞書式順序である．ヤング図形 λ を台に持つ半標準盤のウエイトの中で，この
大小関係に関して最大のものは，$i = 1, 2, \cdots$ に対して第 i 行のマス目すべてに i
を書き入れた「当たり前の半標準盤」T_0 のウエイト $wt(T_0) = (\lambda_1, \cdots, \lambda_N)$ にほ
かならない．ここで λ の長さ l よりも大きい i に対して $\lambda_i = 0$ と置いている．
これが既約表現 $W(\lambda)$ の「最高ウエイト（highest weight）」である．既約表現
$W(\lambda)$ を最高ウエイト λ を持つ「ワイル加群」と呼んでいる文献もある．その
次元は明らかに半標準盤の個数 $|\mathrm{SSTab}_N(\lambda)|$ に等しいが，ありがたいことに，
ここにもフック公式がある．

$$\dim W(\lambda) = \prod_{x \in \lambda} \frac{N + c(x)}{h(x)}.$$

ここで $h(x)$ はヤング図形 λ のマス目 x のフック長を表す．また $c(x)$ は，す
でに第9講に登場しているが，x の「色」もしくは「コンテント（content）」と
呼ばれる量で，x の座標が (i, j) のとき $c(x) = j - i$ で定義される．このフッ
ク公式については組合せ論的な証明もあるが，表現論的にはワイルの指標公式
を変形して証明される．たとえば[56]に載っている．

シューア函数は半標準盤のウエイトを固有値の肩に乗せて，和を取ったもの
であった．したがって"シューア函数とは半標準盤の和である"と，いささか無
理矢理かも知れないが思うことができる．このことを念頭において次に進もう．
フルトンの本[68]やそれをもとにした講義メモ[69]が参考になる．

半標準盤の積

十分大きな自然数 N を固定する．二つの半標準盤 $T \in \mathrm{SSTab}_N(\lambda), S \in$

$\mathrm{SSTab}_N(\mu)$ に対してそれらの非可換な「積」$T \cdot S$ を定義したい．できあがりはサイズが $|\lambda|+|\mu|$ のヤング図形を台に持つ半標準盤になるようにする．そのために「ロビンソン–シェンステッド–クヌース（RSK）対応」と呼ばれるものを説明する必要がある．

まず S が箱一つの場合を考えよう．すなわち $S = \boxed{k}$ $(1 \le k \le N)$ とする．T の1行目の数を左から見ていって k よりも大きい数に出会ったら，その箱を S の $\boxed{k}$ と入れ替える．もともとある T の箱を「蹴落とす」と言った方が適切かも知れない．1行目のどの数も k 以下なら，コトを起こさずにおとなしく1行目の右端に座る．さて，蹴落とされた箱 $\boxed{k'}$ $(k' > k)$ は1行目を諦めて T の2行目で入るべき場所を探す．T の2行目の数を左から見ていって k' より大きな数に出会ったら，その箱を蹴落とす．出会わなければ2行目の右端．2行目で蹴落とされた $\boxed{k''}$ $(k'' > k')$ は今度は3行目で勝負する．以下同様．バタバタと人事異動が進む．止まったときの最終形はサイズが $|\lambda|+1$ のヤング図形を台に持つ半標準盤である．台の形は，一般には最後までやってみないとわからない（図 II-1）．

一般の半標準盤 S については上の操作を繰り返せばよい．S に書かれている数を次のように読んでいく．一番下の行を左から右へ，次に下から2番目の行を左から右へ，以下同様．そのようにして数列 $i_1 i_2 \cdots i_n$ $(n = |\mu|)$ ができる．そ

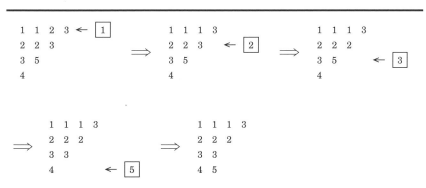

$$
\begin{array}{l}
1\ 1\ 2\ 3 \leftarrow \boxed{1} \\
2\ 2\ 3 \\
3\ 5 \\
4
\end{array}
\quad \Longrightarrow \quad
\begin{array}{l}
1\ 1\ 1\ 3 \\
2\ 2\ 3 \leftarrow \boxed{2} \\
3\ 5 \\
4
\end{array}
\quad \Longrightarrow \quad
\begin{array}{l}
1\ 1\ 1\ 3 \\
2\ 2\ 2 \\
3\ 5 \leftarrow \boxed{3} \\
4
\end{array}
$$

$$
\Longrightarrow \quad
\begin{array}{l}
1\ 1\ 1\ 3 \\
2\ 2\ 2 \\
3\ 3 \\
4 \leftarrow \boxed{5}
\end{array}
\quad \Longrightarrow \quad
\begin{array}{l}
1\ 1\ 1\ 3 \\
2\ 2\ 2 \\
3\ 3 \\
4\ 5
\end{array}
$$

図 II-1 ●人事異動の例

$$
\boxed{\begin{array}{cc} 1 & 2 \\ 3 & 3 \end{array}} \ \cdot\ \boxed{\begin{array}{cc} 1 & 3 \\ 2 & \end{array}} = \boxed{\begin{array}{cccc} 1 & 1 & 2 & 3 \\ 2 & 3 & & \\ 3 & & & \end{array}}
$$

図 II-2 ●盤環の積の例

うして i_1 から順番に T に「差し込んで」行けばよろしい．一つだけ例をやった方がいいだろう．

　今，必要なのはここまでの操作なのだが，これは RSK 対応の半分でしかない．だからもっと簡単に「行挿入(row insertion)」と呼ぶべきかも知れない．驚くべきことに，この「積」は結合法則，すなわち $(T \cdot S) \cdot U = T \cdot (S \cdot U)$ を満たすのである．したがって $\bigcup_\lambda \mathrm{SSTab}_N(\lambda)$ を基底とする自由アーベル群 $R(N)$ は非可換環の構造を持つ．フルトン(William Fulton)はこれを「盤環(tableau ring)」と呼んでいる[68](図II-2，前ページ)．この盤環 $R(N)$ から自然に，変数 $y_1, \cdots, y_N$ の多項式環 $\mathbb{Z}[y_1, \cdots, y_N]$ への環準同型が定まる．半標準盤 $T \in R(N)$ に対して単項式 $y^{wt(T)}$ を対応させ，これを加群の準同型として，つまり加法的に $R(N)$ 全体に延長すればよい．半標準盤の積の定義から，この写像が環準同型となる．環の同型写像になるわけではないが全射であることは見やすい．今，ヤング図形 λ を固定して $\mathrm{SSTab}_N(\lambda)$ の元全体の和を考える．準同型写像によりこの元はシューア関数に写されることがわかる．

$$\sum_{T \in \mathrm{SSTab}_N(\lambda)} T \longmapsto \sum_{T \in \mathrm{SSTab}_N(\lambda)} y^{wt(T)} = S_\lambda.$$

このようにして盤環 $R(N)$ とシューア関数との関係が見えてくる．

リトルウッド–リチャードソン係数

　シューア関数 $S_\lambda(t)$ の全体は無限変数多項式環 $V = \mathbb{Q}[t_j ; j \geqq 1]$ の基底になっていることは第12講に述べた．したがって特に二つのシューア関数の積はふたたびシューア関数の線型結合で書かれる．つまり

$$S_\lambda S_\mu = \sum_\nu c_{\lambda\mu}^\nu S_\nu$$

と有理数の族 $c_{\lambda\mu}^\nu$ が決まる．これを通常「リトルウッド–リチャードソン(Littlewood–Richardson)係数」，略して LR と呼んでいる．第11講にすでに登場しており，そこでは $LR_{\lambda\mu}^\nu$ という記号を用いていた．私が昔，大好きだった表現論の入門書[70]には「クレブッシュ–ゴルダン(Clebsch–Gordan)」と書かれているが，これは $N = 2$ の場合の限定的な用語なのかも知れない．

　さて一方でシューア関数は GL_N の既約表現 $W(\lambda)$ の指標を固有値の対称多

項式として書いたものにほかならなかった．したがってシューア函数の積は既約指標の積，すなわち既約表現のテンソル積 $W(\lambda) \otimes W(\mu)$ の指標のことである．要するに，二つの既約表現のテンソル積を既約分解したとき，どのような既約成分が何回現われるかを記述しているのが LR なのである．このように考えれば，$c_{\lambda\mu}^{\nu}$ は非負整数でなければならない．

　いまサラリと「表現のテンソル積」という言葉を持ち出した．知らなければ [70]などで補っておいて欲しい．とは言うものの私自身について言えば，ベクトル空間にしろ何にしろ，テンソル積が「わかった」と思えるようになったのは，ホップ代数を勉強しはじめてからである．学部２年生の頃，代数学の講義で「普遍性(universality)」による定義を習ったのだが，何のことやらさっぱりわからなかった．数学の概念なんて教わった途端にわかるものではない．じっくりと頭の中で熟成するのを待つのも大切なことなのだろう．

　閑話休題．LR は一般線型群の既約表現のテンソル積という見方以外にも，たとえば対称群の既約表現の「ヤング部分群」への制限とか，シューベルト多様体の交叉とか，表現論のいろいろな場面に顔を出す．そして驚くべきことに，その組合せ論的な記述が知られている．と言うよりも，勘定するアルゴリズムを見つけたのがリトルウッドとリチャードソンなのだ．彼らの共著論文[71]で発表されたその定理を述べよう．ヤング図形 λ と μ を固定する．そして μ を台に持つ「当たり前の半標準盤」を S としよう．つまり μ の第 i 行には i が書かれている，ということだ．もちろん $wt(S) = (\mu_1, \cdots, \mu_l)$ である．次に ν を $|\nu| = |\lambda| + |\mu|$ で，λ と μ 双方を「含む」ヤング図形とする．ν から λ を取り去った図形を ν/λ と書く．このような図形を「歪ヤング図形(skew Young diagram)」と呼ぶことも多い．ν/λ のマス目に S の数を書き入れる．ただし次のルールに従うものとする．

（１）　でき上がりの「歪盤(skew tableau)」は「半標準」である．すなわち数字は各行で左から右に単調非減少，各列で上から下に狭義の単調増加．

（２）　数を(RSK のときのように)下から上へ，各行を左から右へ読んでいき数列 $i_1 i_2 \cdots i_m$ を作る．ただし $m = |\mu|$．この数列を今度は右から左に読んだとき，"どの地点で止めても大きい数の登

場回数は小さい数のそれを超えない”ものとする.

条件(2)がわかりにくいので例を出す. でき上がりの半標準歪盤が

$$
\begin{array}{ccc}
1 & 1 & 1 \\
1 & 2 & \\
\end{array}
$$
$$
\begin{array}{ccc}
2 & 2 & 3 \\
3 & 4 & \\
\end{array}
$$

のとき, できる数列は3422312111である. 右から見ていって, たとえば7番目で止めると, そこまでの1の登場回数は4回, 2の登場回数は2回, 3の登場回数は1回. したがって“大きい数の登場回数は小さい数のそれを超えない”ことがわかる.

以上のルールに従う歪盤を,「歪ヤング図形 ν/λ を台に持つ LR 盤」と呼び, その全体を $LR(\nu/\lambda)$ と書くことにする.

●定理II-3 ―――――――――――――――――――――――
$$
c_{\lambda\mu}^{\nu} = |LR(\nu/\lambda)|.
$$

一つだけ例をやってみよう. $\lambda = (31)$, $\mu = (21)$, $\nu = (421)$ のとき, $LR(\nu/\lambda)$ は次の二つの元からなる.

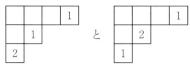

したがって $c_{\lambda\mu}^{\nu} = 2$.

思い出話をちょっとだけ. 私はこの定理を広島の大学院生時代に後輩の N 君から習った. 彼は物理学者のために書かれた本[72]を教えてくれたのだ. 思えば N 君にはアフィン・リー環の基本表現に関する論文の紹介もしてもらったり, ずいぶんお世話になったものだ. 私の「教わり癖」はこの頃に始まる. N 君はその後, 医学部に入り直したのだが今はどうしているのだろうか.

　条件(2)を満たす数列(あるいは「語」)を「ヤマノウチ語(Yamanouchi word)」と呼ぶ文献が多い．フランスのラスクー(Alain Lascoux)が作った術語である．「ヤマノウチって誰？　そしてなぜ？」という疑問をラスクー氏に問い合わせてみた，すぐに，物理学者 Takahiko Yamanouchi，すなわち[70]の著者であるとの返事がきた．ロビンソン(Gilbert de Beauregard Robinson)が対称群の表現に関する論文の中で山内恭彦先生の仕事に言及しているということなので，早速調べてみた．論文を精査したわけではないが，たしかに[73]で T. Yamanouchi の論文を引用している．さらには「物理学者は Yamanouchi symbol と呼んでいる」との記述もある．ラスクーにとってヤマノウチ語という命名は自然なことだったのであろう．

　定理II-3 の証明は結構面倒である．[71]にも完全な証明は与えられていない．そもそもアルゴリズムだけからでは，その可換性 $c_{\lambda\mu}^{\nu} = c_{\mu\lambda}^{\nu}$ は全然明らかではない．私なぞは「どうしても証明を知りたい」とは思わないが，だからここにも書かないが，[56]や[68]で読むことができる．現在では "short proof" や "concise proof" と銘打った論文がいくつか出ている．私は 2009 年の春，シンガポール国立大学に出張したのだが，そこでリー教授(Soo Teck Lee)から彼らの新証明の概略を聴いた．いわゆる (GL, GL)-双対性を用いる表現論的な証明[74]は short でも simple でもないが，非常に透明で心地よい感銘を受けた．私も数学者の端くれ，数学の面白い話を聴くと嬉しくなる．シンガポールの活気とともによい思い出となったのである．

私の体を通り過ぎたシューア函数たち

弁解から

　2003年秋に千葉大学で開催された学会（日本数学会秋季総合分科会）で私は「企画特別講演」を行った．その折に準備した講演レジュメが，今読み返してみて自分でも，なかなかよく書けている，と思えるので，この補講3時限では若干の変更を加えて再録させてもらう．関係各位のご好意に感謝する．またこのような事情により，本編とトーンが異なるし，内容的にもギャップあるいは重複があるかも知れないがお許し願いたい．

はじめに

　シューア函数とは一般線型群 $GL(n, \mathbb{C})$ の有限次元既約表現の指標のことで「ヤング図形」でラベルづけられている．一言で定義されるこの函数に魅せられて20数年が経過した．ここでは私が実際に手で触ったシューア函数のいくつかについて，どのように触ったかを具体的に述べようと思う．書籍の一節としてこのような個人的な思い出話をしていいものかどうか，気が引けないわけではないが，私とて若くはない．このあたりで過去を振り返って自らの数学を反省し，余生をどのように過ごすかを考えたい．

　最初の基本的な問題意識は，一番簡単なアフィン・リー環である $A_1^{(1)}$ の一番簡単な「基本表現」の実現に対してそのウエイトベクトルを具体的に書こう，というものであった．1980年頃の伊達悦朗-神保道夫-柏原正樹-三輪哲二の各氏の仕事により，この表現のプリンシパル実現における極大ウエイトベクトルは「3角形」のシューア函数で与えられ，それらは KdV 方程式系の斉次 τ-函数であることが知られている．それでは一般にウエイトベクトルはシューア函数を用いてどのように書かれているのだろうか．まずこの問題に対するわれわれ

の解答から始めよう.

$A_1^{(1)}$ 型アフィン・リー環の基本表現

ここでは，最も基本的なアフィン・リー環である $A_1^{(1)}$ の基本表現の [81] による構成を復習する. $\mathring{\mathfrak{g}} = sl(2, \mathbb{C}) = \mathbb{C}F \oplus \mathbb{C}H \oplus \mathbb{C}E$ としてこれを $\mathring{\mathfrak{g}} = \mathring{\mathfrak{g}}_0 \oplus \mathring{\mathfrak{g}}_1$ と分解する. ただし $\mathring{\mathfrak{g}}_0 = \mathbb{C}Y_0$, $\mathring{\mathfrak{g}}_1 = \mathbb{C}Y_1 \oplus \mathbb{C}Z$；

$$Y_0 = \begin{pmatrix} 1 & 0 \\ 0 & -1 \end{pmatrix}, \qquad Y_1 = \begin{pmatrix} 0 & -1 \\ 1 & 0 \end{pmatrix}, \qquad Z = \begin{pmatrix} 0 & 1 \\ 1 & 0 \end{pmatrix}.$$

さて無限次元のリー環 $\mathfrak{g}$ を

$$\mathfrak{g} = \sum_{j \in \mathbb{Z}} T^j \otimes \mathring{\mathfrak{g}}_{j \, (\mathrm{mod}\, 2)} \oplus \mathbb{C}c \oplus \mathbb{C}d_0$$

と置く. ここでブラケット積は次のように定義される.

$$\begin{cases} [T^j \otimes X, \, T^i \otimes Y] = T^{i+j} \otimes [X, Y] + \dfrac{1}{2} j \, \mathrm{tr}(XY) \delta_{i+j,0} \, c \\[2mm] [d_0, \, T^j \otimes X] = j T^j \otimes X \\[2mm] [c, \mathfrak{g}] = \{0\} \end{cases}$$

ここで $X, Y \in \mathring{\mathfrak{g}}$. いま，

$$\mathfrak{s} = \sum_{j \in \mathbb{Z}, \, \mathrm{odd}} \mathbb{C}(T^j \otimes Z) \oplus \mathbb{C}c \oplus \mathbb{C}d_0$$

と置くと，これは $\mathfrak{g}$ の部分リー環であり，「無限次元ハイゼンベルク代数」と呼ぶに相応しいものである. リー環 $\mathfrak{g}$ の表現を構成するにはまず，$\mathfrak{s}$ の自然な既約表現を作る. 無限変数の多項式環 $V^{(2)} = \mathbb{C}[t_j \, ; \, j \geqq 1, \, \mathrm{odd}]$ を準備して $\mathfrak{s}$ の $V^{(2)}$ への作用を

$$\begin{cases} T^j \otimes Z \mapsto a_j = \begin{cases} \dfrac{\partial}{\partial t_j} & (j \geqq 1) \\[2mm] -j t_{-j} & (j \leqq -1) \end{cases} \\[6mm] c \mapsto 1 \\[2mm] d_0 \mapsto \displaystyle\sum_{j \geqq 1, \, \mathrm{odd}} j t_j \dfrac{\partial}{\partial t_j} \end{cases}$$

で与える. このとき $\mathfrak{g}$ の「残り」の部分が $V^{(2)}$ に「頂点作用素」として作用する，というのがレポウスキーとウィルソンの発見であった. すなわち p を不定

元として

$$X(p) = \sum_{k \in \mathbb{Z}} (T^k \otimes Y_k) p^{-k}$$

という母函数を考えるとき

$$X(p) \mapsto -\frac{1}{2}(e^{2\xi(t,p)} e^{-2\xi(\partial,p^{-1})} - 1)$$

により $\mathfrak{g}$ の $V^{(2)}$ 上の既約表現が得られるのである。ただし

$$\xi(t,p) = \sum_{j \geq 1,\,\mathrm{odd}} p^j t_j, \qquad \xi(\partial, p^{-1}) = \sum_{j \geq 1,\,\mathrm{odd}} p^{-j} \frac{\partial}{j \partial t_j}.$$

これが基本表現の「プリンシパル実現」である。そもそも基本表現 $L(\Lambda_0)$ とは最高ウエイト Λ_0 を持つ既約最高ウエイト表現のことであるが，上の実現では最高ウエイトベクトルは定数 $1 \in V^{(2)}$ である。一般に基本表現 $L(\Lambda_0)$ のウエイトの全体は

$$P = \{\Lambda_0 - q\delta + p\alpha_1 \,;\, p, q \in \mathbb{Z}, \; q \geq p^2\}$$

で与えられることが知られている（たとえば[80]を参照）。ここで α_i $(i = 0, 1)$ は $\mathfrak{g}$ の単純ルート，$\delta = \alpha_0 + \alpha_1$ は基本虚ルートである。特に，放物線 $\Lambda_0 - p^2\delta + p\alpha_1$ $(p \in \mathbb{Z})$ に乗っているウエイト Λ は最高ウエイト Λ_0 を通るワイル群の軌道であり，$\Lambda + \delta$ がもはやウエイトではない，という意味で「極大ウエイト」と呼ばれる。この放物線を δ の整数倍だけ真下に平行移動したものもワイル群の軌道である。ウエイトの重複度，すなわちウエイト空間の次元はワイル群の作用で変わらないので，各放物線上のウエイトは一斉に同じ重複度を持っている。すなわち重複度は極大ウエイトから δ の何倍だけ下がったか，だけで決まっている。ワイル-カッツの指標公式により各極大ウエイト Λ に対して $\Lambda - n\delta$ の重複度は n の分割数 $p(n)$ で与えられることが証明される。

シューア函数

　上で構成したアフィン・リー環 $\mathfrak{g} = A_1^{(1)}$ の基本表現 $L(\Lambda_0)$（のプリンシパル実現）のウエイトベクトルを具体的に記述するためにシューア函数を導入しよう。無限変数多項式環 $V = \mathbb{C}[t_j ; j \geq 1]$ を準備する。自然数 n の分割 $\lambda = (\lambda_1, \cdots, \lambda_l)$，すなわちサイズが n のヤング図形 λ に付随するシューア函数 $S_\lambda(t)$

$\in V$ を

$$S_\lambda(t) = \sum_\rho \chi_\rho^\lambda \frac{t_1^{m_1} t_2^{m_2 \cdots}}{m_1! \, m_2! \cdots}$$

と定義する．ここで和は n の分割 $\rho = (1^{m_1}, 2^{m_2}, \cdots, n^{m_n})$ をわたるものとする．また χ_ρ^λ は対称群 $\mathfrak{S}_n$ の既約指標，すなわち既約表現 λ の指標がサイクルタイプが ρ で与えられる共軛類の上でとる値である．本来のシューア函数は一般線型群の既約指標のことであり，固有値 $x_1, x_2, \cdots$ の対称函数であるわけだが，ここでは冪和

$$t_j = \frac{1}{j}(x_1^j + x_2^j + \cdots)$$

を用いた表示を採用する．変数 t_j の次数を j と勘定することによりシューア函数 $S_\lambda(t)$ は λ のサイズだけの次数を持つ斉次多項式であることがわかる．シューア函数については [62] が最良の教科書であることは言うまでもない．

後で使うので「2-被約シューア函数」を定義してしまおう．

$$S_\lambda^{(2)}(t) = S_\lambda(t)|_{t_2 = t_4 = \cdots = 0} \in V^{(2)}$$

つまりシューア函数において偶数番号の変数をすべてゼロにおいたものを 2-被約シューア函数と呼ぶ．定義からすぐわかることだが，ヤング図形 λ の転置を $\check\lambda$ とするとき $S_\lambda^{(2)}(t) = S_{\check\lambda}^{(2)}(t)$．また 2-コア，すなわち階段型のヤング図形

$$\Delta_0 = \emptyset, \quad \Delta_r = (r, r-1, r-2, \cdots, 2, 1) \quad (r = 1, 2, \cdots)$$

に対しては，もともと偶数変数が含まれていないので 2-被約シューア函数とシューア函数は一致する．

●定理III-1

$A_1^{(1)}$ 型アフィン・リー環の基本表現のプリンシパル実現において極大ウエイトベクトルは $S_{\Delta_r}(t)$ $(r = 0, 1, 2, \cdots)$ で与えられ，これらは KdV 方程式系の斉次多項式解(τ-函数)をつくす．

ヤング図形の組合せ論とウエイトベクトル

それでは一般のウエイトベクトルはどのように記述されるのだろうか．そのためにヤング図形の「2-商」と呼ばれるものを [85] にしたがって導入しよう．

分割 $\lambda = (\lambda_1, \cdots, \lambda_l)$ でもし必要なら尻尾に 0 を一つつけ加えて l を偶数にしておく. λ の「マヤ図形」を

$$B = (\beta_1, \cdots, \beta_l), \qquad \beta_j = \lambda_j + (l-j)$$

により定義する. 次に $k = 0, 1$ に対して

$$B[k] = \{\gamma^{(k)} \in N \,;\, 2\gamma^{(k)} + k = \beta_j \text{ となる } j = 1, \cdots, l \text{ が存在}\}$$

と置く. いま,

$$B[k] = \{\gamma_1^{(k)}, \cdots, \gamma_{m^{(k)}}^{(k)}\} \qquad (\gamma_1^{(k)} > \cdots > \gamma_{m^{(k)}}^{(k)})$$

とするとき

$$\lambda[k] = (\gamma_1^{(k)} - (m^{(k)}-1), \gamma_2^{(k)} - (m^{(k)}-2), \cdots, \gamma_{m^{(k)}}^{(k)})$$

により分割のペア $(\lambda[0], \lambda[1])$ をつくる. これを λ の 2-商と呼ぶ. また λ から 2-フックを続けてできる限り取り除いてできる Δ_r を λ の「2-コア」と呼んで λ^c と書く. さらに λ から λ^c に至るとき, 取り除く縦の 2-フックの個数 g に対して, $\delta_2(\lambda) = (-1)^g$ を λ の「2-符号」と言う. 自明なことではないのだが, 2-符号は well-defined である. このようにして, 与えられた分割(ヤング図形)λ から分割の三つ組 $T(\lambda) = (\lambda^c, \lambda[0], \lambda[1])$ が作られる. このとき

$$|\lambda| = |\lambda^c| + 2(|\lambda[0]| + |\lambda[1]|)$$

が簡単にわかる. 対応 T は 1 対 1 であることも示される.

　以上の準備の下でウエイトベクトルの記述が可能である. シューア函数 $S_{\Delta_r}(t) = S_{\Delta_r}^{(2)}(t)$ を(定数倍を除いて唯一の)ウエイトベクトルに持つ極大ウエイトを Λ_r で表そう. 専門家には絶対に叱られるのでここだけの記号だ.

◉定理III-2 ────────

（1）　分割 λ に対して

$$T(\lambda) = (\Delta_r, \lambda[0], \lambda[1]), \qquad |\lambda[0]| + |\lambda[1]| = n$$

とするとき, 対応する 2-被約シューア函数 $S_\lambda^{(2)}(t)$ はウエイト $\Lambda_r - n\delta$ に属するウエイトベクトルである.

（2）　集合

$$\{S_\lambda^{(2)}(t) \,;\, T(\lambda) = (\Delta_r, \emptyset, \lambda[1]), \ |\lambda[1]| = n\}$$

はウエイト $\Lambda_r - n\delta$ のウエイト空間の基底をなす.

（3）

$$T(\lambda) = (\lambda^c, \lambda[0], \lambda[1]), \qquad |\lambda[0]| + |\lambda[1]| = n$$

のとき

$$\delta_2(\lambda) S_\lambda^{(2)}(t) = (-1)^{|\lambda[0]|} \sum_{\mu[1]} LR_{\lambda[0]',\lambda[1]}^{\mu[1]} \delta_2(\mu) S_\mu^{(2)}(t)$$

が成立する．ただし和は $|\mu[1]| = n$ なる分割 $\mu[1]$ を渡り，μ は三つ組 $T(\mu) = (\lambda^c, \emptyset, \mu[1])$ に対応する分割である．また LR はいわゆる「リトルウッド–リチャードソン(Little-wood-Richardson)係数」である．

定理III-2の(3)の公式は対称群の標数2のモジュラー表現論や岩堀ヘッケ環 $H_n(q)$ で $q = -1$ と特殊化した代数の表現論における「分解行列」の公式，とみなすこともできるがこれについては説明を省略しよう．

もう一つだけややマニアックな命題を挙げておく．「広田方程式」に関するものである．広田の微分作用素を $D = \left(D_1, \dfrac{D_2}{2}, \dfrac{D_3}{3}, \cdots\right)$ と置こう．

●命題III-3 ───────────

集合

$$\{S_\lambda^{(2)}(D)_{\tau \cdot \tau} = 0 ; \ T(\lambda) = (\triangle_r, \emptyset, \lambda[1]), \ r \geq 3, \ r \equiv 0, -1 \pmod 4)\}$$

は BKP 方程式系の広田方程式の全体と一致する．

これは脇本實氏による結果[87]をわれわれ，すなわち有木進，中島達洋と私 [75]の言葉で言い換えたものである．

$D_2^{(2)}$ の基本表現とシューアの Q-函数

前記の二つの節で行った議論を $D_2^{(2)}$ 型のアフィン・リー環に対して考えよう．実は $D_2^{(2)}$ は $A_1^{(1)}$ と同型である．「捻れ $A_1^{(1)}$」と呼ぶべきものかも知れない．この同型が KdV 方程式系，すなわち KP 方程式系の 2-リダクションと BKP 方程式系の 4-リダクションの同値性を引き起こすわけであるが，一般に $D_{l+1}^{(2)}$ の基本表現が BKP 方程式系のリダクションを与えるので，そのウエイトベクトルは自ずからパフィアンに関係する多項式の中で考えられるべきである．それがシューアの「Q-函数」なのだ．Q-函数について詳しいことは[62]や[78]に書

かれている. $D_2^{(2)}$ の基本表現(プリンシパル実現)の表現空間は $A_1^{(1)}$ のそれと同じく $V^{(2)}$ である. 前の節の a_j $(j \in \mathbb{Z}, \text{odd})$ を無限次元ハイゼンベルク代数の表現とする. 頂点作用素を

$$Y(p) = \frac{1+i}{2(1-i)} \left\{ \exp\left(\sum_{j \geq 1, \text{odd}} (1-i^j) t_j p^j \right) \exp\left(-2 \sum_{j \geq 1, \text{odd}} (1+i^j) \frac{\partial}{j \partial t_j} p^{-j} \right) - 1 \right\}$$

$$= \sum_{k \in \mathbb{Z}} Y_k p^k \qquad (i = \sqrt{-1})$$

とするとき

$$\mathbb{C}\{ Y_k \ (k \in \mathbb{Z}), a_j \ (j \in \mathbb{Z}, \text{odd}), 1 \}$$

は基本表現の実現を与える. そのウエイトベクトルを記述するためにシューアの Q-函数を定義しよう. Q-函数はストリクトな分割

$$\lambda = (\lambda_1, \cdots, \lambda_l) \qquad (\lambda_1 > \cdots > \lambda_l)$$

でインデックスづけられている. 自然数 n のストリクトな分割 λ に対して

$$Q_\lambda(t) = \sum_\rho 2^{[(l(\lambda)+l(\rho)+1)/2]} \zeta_\rho^\lambda \frac{t_1^{m_1} t_3^{m_3} \cdots}{m_1! m_3! \cdots} \in V^{(2)}.$$

ここで和は n の奇数による分割 $\rho = (1^{m_1}, 3^{m_3}, \cdots)$ をわたる. また ζ_ρ^λ は対称群 $\mathfrak{S}_n$ の「スピン指標」の値である. これは[78]に表が載っている. スピン表現が関係していることからもわかるように Q-函数は「スクエアルート」の世界に住んでいる. シューア函数が行列式表示を持つ(ヤコビ-トゥルディの公式)ことに対応して Q-函数はパフィアン表示を持つ. またリー超代数の既約指標としての見方もある. さらに, シューア函数が KP 方程式系の多項式解である, と言うのと同様の意味で, Q-函数は BKP 方程式系の多項式解である, と言うこともできる.

●定理Ⅲ-4 ─────────────────────────

$D_2^{(2)}$ の基本表現(プリンシパル実現)のウエイト基底として

$$\{ Q_\lambda(t) \ ; \ \lambda \text{ はストリクトな分割} \}$$

がとれる. 与えられたストリクト分割 λ に対して $Q_\lambda(t)$ がどのウエイト空間に属するかを特定できる. また基本虚ルート δ の移動もヤング図形の組合せ論的に記述もできる.

ここまでアフィン・リー環 $D_2^{(2)} \cong A_1^{(1)}$ の基本表現の $V^{(2)}$ 上のプリンシパル実現を問題にしてきた．変数を別の記号で表わしたほうがはっきりするので次のように理解しよう．

「$A_1^{(1)}$ が $V^{(2)}(s)$ に作用し，$D_2^{(2)}$ が $V^{(2)}(t)$ に作用する.」

ソリトン方程式との関連で私は前者を「KdV 描像」，後者を「BKP 描像」と呼んでいる．より正確には「BKP の 4-リダクション」だろう．両者は非常に簡単な変数変換（環同型）で結びついている．

$$\pi : V^{(2)}(t) \longrightarrow V^{(2)}(s)$$
$$t_j \longmapsto \left(\cos \frac{j\pi}{4}\right)^{-1} s_j \quad (j \geq 1, \text{ odd})$$

この変数変換で両者の頂点作用素が定数倍を除いて一致することが示される．特に BKP 描像の極大ウエイトベクトルが π により KdV 描像のそれに定数倍を除いて一致する．BKP 描像の極大ウエイトベクトルは次の集合 HC に属する分割の Q-函数で与えられる．

$$HC = \{\emptyset, L_n = (4n+1, 4n-3, \cdots, 5, 1),$$
$$R_n = (4n+3, 4n-1, \cdots, 7, 3) ; n \geq 0\}.$$

ちなみに集合 HC に属する分割を「ハードコア」と呼んでいる．極大ウエイトベクトル同士を比べて次を得る．ただし係数の $\sqrt{2}$ の冪を特定するためには対称群のモジュラー表現論の結果を援用しなければならなかった．

●定理Ⅲ-5 ─────────────

$n \geq 0$ に対して

$$\pi(Q_{L_n}) = 2^{\frac{n+1}{2}} S_{\triangle_{2n+1}}, \quad \pi(Q_{R_n}) = 2^{\frac{n+1}{2}} S_{\triangle_{2n+2}}.$$

この節でも最後にマニアックな実験結果について述べる．まだ証明はできていないが highly probable である．

集合

$$\{Q_\lambda(D)_{\tau\cdot\tau} = 0 ; \lambda \text{ はサイズが偶数のストリクト分割で}$$
$$\text{その成分に必ず奇数を含む}\}$$

は KdV 方程式系の広田方程式の全体と一致する.

 一見「何っ!?」と思うような "事実" であるが,もしかしたら簡単なこと,当たり前のことかも知れない.このような実験に私はコンピュータを使わない.明らかに時代遅れだが,すべて「手計算」である.対称群の指標表とにらめっこしながら,わくわく数字合わせをしているときが至福の時間である.2日も3日も楽しめる実験をコンピュータに一瞬でやらせるのはもったいない!

長方形のシューア函数

 今まではアフィン・リー環 $A_1^{(1)}$ の基本表現のプリンシパル実現について,そのウエイトベクトルを仔細に見てきた.本節では同じリー環の同じ表現の「斉次実現」についてそのウエイトベクトルを論じよう.まずリー環そのものの実現を以下のようにしておくのが便利である.

$$\mathfrak{g} = \mathbb{C}[T, T^{-1}] \otimes \mathring{\mathfrak{g}} \oplus \mathbb{C}c$$

ブラケット積は次のように与えられる.

$$\begin{cases} [T^j \otimes X, T^i \otimes Y] = T^{i+j} \otimes [X, Y] + j\,\mathrm{tr}(XY)\delta_{i+j,0}\,c \\ [c, \mathfrak{g}] = \{0\} \end{cases}$$

 例によって母函数

$$X(z) = \sum_{m \in \mathbb{Z}} (T^m \otimes X) z^{-m-1}, \quad X \in \mathring{\mathfrak{g}}$$

を用いて表現を構成する.今度は基本表現の表現空間は

$$B = \mathbb{C}[t_j ; j \geqq 1] \otimes \mathbb{C}[Q]$$

である.ここで $\mathbb{C}[Q] = \bigoplus_{m \in \mathbb{Z}} \mathbb{C}e^{m\alpha}$ は $\mathring{\mathfrak{g}} = sl(2, \mathbb{C})$ のルート格子 Q の群環(演算を乗法的に書いたもの)である.B における次数を $\deg t_j = j$,$\deg e^{m\alpha} = m^2$ と定義しておく.フレンケルとカッツによる $\mathfrak{g}$ の基本表現は B 上の作用として次で与えられる([77]).

$$\begin{cases} T^j \otimes H \mapsto \begin{cases} 2\dfrac{\partial}{\partial t_j} & (j \geqq 1) \\[2mm] -jt_{-j} & (j \leqq -1) \end{cases} \\[6mm] T^0 \times H \mapsto 2\dfrac{\partial}{\partial \alpha} \\[3mm] c \mapsto 1 \end{cases}$$

ここまでが無限次元ハイゼンベルク代数の部分だ．そして

$$\begin{cases} F(z) = e^{-\alpha}z^{-2\partial\alpha}e^{-\eta(t,z)}e^{\eta(2\partial_t, z^{-1})} \\[1mm] E(z) = e^{\alpha}z^{2\partial\alpha}e^{\eta(t,z)}e^{-\eta(2\partial_t, z^{-1})} \end{cases}$$

である．ここで

$$z^{\partial\alpha}(e^{n\alpha}) = z^n e^{n\alpha},$$

$$\eta(t,z) = \sum_{j=1}^{\infty} t_j z^j, \qquad \eta(\partial_t, z^{-1}) = \sum_{j=1}^{\infty} \frac{\partial}{j\partial t_j} z^{-j}$$

と置いた．このようにして $A_1^{(1)}$ の基本表現の斉次実現が与えられるのである．B の各斉次部分が $\overset{\circ}{\mathfrak{g}} = sl(2, \mathbb{C})$ の作用で不変になっていることが重要である．

●定理Ⅲ-7

（1） 自然数 m を固定する．このとき

$$e^F(e^{m\alpha}) = \sum_{n=0}^{2m} (-1)^{\frac{n(n+1)}{2}} S_{\square(2m-n, n)}(t) e^{(m-n)\alpha}$$

が成り立つ．ここで $\square(2m-n, n)$ は縦が $2m-n$，横が n の長方形のヤング図形である．またこれは NLS 方程式系の多項式解である．

（2） NLS 方程式系の斉次多項式解は

$$\tau = \beta e^{\gamma F}(e^{m\alpha}) \qquad (m \in \mathbb{Z}, \ \beta, \gamma \in \mathbb{C})$$

という形をしている．

標語的に言えば「長方形のシューア函数は NLS 方程式系を解く」のだ．言い忘れたが NLS とは非線型シュレーディンガーの略である．佐藤幹夫先生は 20 数年前の KP 理論に関する集中講義で「KdV は 3 角形，NLS は 4 角形」と述べている．3 角形，すなわち階段型のヤング図形 Δ_r が KdV を解くことは意味がよくわかるのだが，4 角形と NLS の方は，少なくとも当時の私には理解できな

かった．それがようやくわかりかけてきたのである（[79]）．

ヴィラソロ代数の特異ベクトル

前節で与えた $A_1^{(1)}$ の B 上の作用で特に無限次元ハイゼンベルク代数の部分

$$a_j = \frac{1}{\sqrt{2}}(T^j \otimes H) \qquad (j \in \mathbb{Z})$$

を用いて

$$L_k = \frac{1}{2}\sum_{j \in Z} {}^{\circ}_{\circ} a_{-j}a_{j+k} {}^{\circ}_{\circ} \qquad (k \in \mathbb{Z})$$

という作用素を考える．ここで ${}^{\circ}_{\circ}**{}^{\circ}_{\circ}$ は「正規積」と呼ばれるもので

$${}^{\circ}_{\circ} a_i a_j {}^{\circ}_{\circ} = \begin{cases} a_i a_j & (i \leqq j) \\ a_j a_i & (i > j) \end{cases}$$

により定義される．簡単な計算により

$$[L_k, L_m] = (k-m)L_{k+m} + \frac{1}{12}(k^3-k)\delta_{k+m,0}$$

が検証される．つまり $[L_k(k \in \mathbb{Z})]$ は「ヴィラソロ(Virasoro)代数」$\mathscr{L}$ の B 上の中心電荷 1 の表現を与えている．これを「フォック表現」と呼ぶことにする．これは既約ではない．実際，部分空間

$$V_m = \mathbb{C}[t_j ; j \geqq 1] \otimes \mathbb{C}e^{m\alpha} \qquad (m \in \mathbb{Z})$$

は $\mathscr{L}$ で不変である．実はこの V_m も $\mathscr{L}$ で既約になっていないのである．$\mathscr{L}$ の表現 V_m の既約分解のためには，各既約成分の最高ウエイトベクトルを具体的に見つければよいのであるが，それは次の線型微分方程式を解くことにほかならない．

$$L_k f = 0, \qquad k \geqq 1 \quad (\Longleftrightarrow L_1 f = L_2 f = 0)$$

このような $f \in V_m$ をヴィラソロ代数の「特異ベクトル」と呼ぶ．前節の結果からこの特異ベクトルの形がわかる．

●定理Ⅲ-8 ─────────────────────────────

長方形のシューア函数

$$S_{\square(2m-n,n)}(t)e^{(m-n)\alpha} \qquad (m \in \mathbb{N}, \ 0 \leqq n \leqq 2m)$$

は V_{m-n} における特異ベクトルである.

B において $\mathring{\mathfrak{g}} = sl(2, \mathbb{C})$ と $\mathscr{L}$ とは可換であることが計算により確かめられる. この事実を用いれば上の定理は明らかだ. まず $e^{m\alpha}$ は自明な特異ベクトルである. すると可換性により $U(\mathring{\mathfrak{g}}) \cdot e^{m\alpha}$ の元 $S_{\square(2m-n,n)}(t)e^{(m-n)\alpha}$ も特異ベクトルになってしまう. 以上.

B における特異ベクトルは上のものでつきていることもヴィラソロ代数の指標公式からわかる. したがって $\mathscr{L}$ の表現 B の既約分解が完全にわかるのである. 定理Ⅲ-8 はずいぶん前に脇本實氏との共同研究[88]によって得られている. (本質的にはもっと前のジーゲル[86]の結果だ.) そのときから長方形という特殊性は気になっていた. 1987 年秋に, 当時所属していた琉球大学の談話会で[88]の結果を話したところ同僚の佐藤泰子さんから NLS との関係を質問された. 20 余年を経てようやく明確な解答を与えることができて個人的には嬉しく思っている.

長方形のシューア函数の組合せ論

今までアフィン・リー環 $A_1^{(1)}$ の基本表現だけに絞ってシューア函数(とその仲間)との関係を見てきた. プリンシパル実現と斉次実現との間の同型写像(表現論では「絡み合い作用素」と呼ぶ)がレクレールとレドワンジェ[81]によって与えられている. 先に定義した 2-コア, 2-商を有機的に用いるものだ. この写像を見ることによって, 長方形のシューア函数を組合せ論的な手続きにより導き出すことができる. それを述べよう.

奇数 r を固定する. Δ_r のヤング図形に数字 0, 1 がチェス盤のように書かれているとする. (i, j) 成分に $i + j \pmod 2$ が書き込まれているのである. 自然数 $n (0 \leq n \leq r+1)$ に対し

$\quad\quad \mathscr{F}^n(\Delta_r) = \{\Delta_r \text{ に } \boxed{1} \text{ を } n \text{ 個つけ加えてできるヤング図形}\}$

と置く. このとき次が成り立つ.

$$\sum_{\mu \in \mathcal{F}^n(\triangle_r)} (-1)^{|\mu[1]|} S_{\mu[0]}(u) S_{\mu[1]}(v) = S_{\square(r+1-n,n)}(u-v).$$

　アフィン・リー環を持ち出さずにこの定理を完全に組合せ論的に証明することが可能である．長方形の特性とリトルウッド-リチャードソン係数を巧みに使うもので，水川裕司と一緒に考えた．同様の公式は $A_2^{(2)}$ にもあるがここでは省略（[83]）．そのかわりに $D_2^{(2)}$（または捻れ $A_1^{(1)}$）に関する式を書いておこう．見かけはやや複雑である．

　自然数 r を固定し $A_r = (4r-3, 4r-7, \cdots, 5, 1)$ というヤング図形を考える．ヤング図形の各行には数列 (0110) が繰り返し書き込まれているとする．A_r は各行に $\boxed{1}$ が二つつけ加えられる状態だ．さて $0 \leqq n \leqq 2r$ なる n に対して

$$\mathcal{F}^n(A_r) = \{A_r に \boxed{1} を n 個つけ加えてできるストリクトなヤング図形\}$$

と置く．ここで詳しい定義は省略するが，$\mu \in \mathcal{F}^n A_r$ に対してその「4-棒商」と呼ばれるヤング図形のペアが決まる．それを $(\mu^b[0], \mu^b[1])$ とする．このとき $\mu^b[0]$ の方はストリクトなヤング図形になる．また各 $\mu \in \mathcal{F}^n(A_r)$ は固有の符号 $\delta_4^b(\mu)$ を持つ．

$$\sum_{\mu \in \mathcal{F}^n(A_r)} \delta_4^b(\mu) Q_{\mu^b[0]}(t) S_{\mu^b[1]}(t') = S_{\square(2r-n,n)}(t)$$

ここで $t' = (t_2, t_4, t_6, \cdots)$ である．

　こんな調子でダラダラ書いていてもきりがないので，このあたりで茶飲み話を終わりにしよう．シューア函数について理解を深めている，といえば聞こえがいいが，重箱の隅をつついている観は否めない．シューア函数は「よい特殊函数」だから，いじれば気持ちいいし何かが出てくることもある．したがって何が本質なのかを見極める眼力が求められるが，近視の上に老眼の気配が漂い始めている私には難しい．しかしこれからもできる範囲で，この魅力的な函数について調べていきたいと思う．

ヴィラソロ代数の表現

はじめに

　この補講ではヴィラソロ代数の表現に関するノラン・ワラック（Nolan Wallach 1940- ）の仕事を紹介しようと思う．1984 年の論文[89]であるが，扱う対象がやや特殊であることも手伝ってほとんど話題になることのないものだ．しかしヴィラソロ代数のフォック表現の特異ベクトルをシューア函数として実現した脇本實氏と私の結果[88]を，非常に見通しの良い議論により導いていると言う意味で，私にはかけがえのない論文だ．出版当時，橋爪道彦氏の助けも得ながら貪るように読んだ．しかし本質的なところをきちんと理解したとは言えない．40 年を経て，もう一度きちんと読んでみようという気になったのは，講演の準備をしていて突然思い出したからにほかならない．今回は水川裕司にいろいろ計算を教わった．少しく理解が深まったと確信できた．

　1985 年頃，ワラック氏には直接お会いした．半単純リー群のユニタリ表現の専門家の書いた論文としてはいささか方向が違うと感じていたのでその旨尋ねてみたら「研究対象をリー群に限定しているわけではない．私は不変式論が大好きなのです」という返事であった．彼にとってはシューア函数は立派な不変式論なのだ．ちなみに論文のタイトルにも classical invariant theory という語が入っている．不変式論というとどうしてもマンフォードの著書が頭をよぎるが，そんなに難しい代数幾何でなくても不変式論て呼んでいいんだ，と勇気をもらった感じがする．ヒルベルトスキームとか知らないもんね．そういえば森川寿著『不変式論』（紀伊國屋書店）はずっとアクセスしやすい（ような気がする）．さてヴィラソロ代数については補講 3 時限でもちょっとだけ触れたが，本講だけでも独立に読めるように重複を厭わずストーリーを丁寧に解説していこう．途中にやや面倒な計算がないわけではないが，大筋の紹介ということで細かい部分は省略させていただく．あしからずご了解いただきたい．

ヴィット代数

まず舞台はユニタリ群である．つまり

$$G = U(n) = \{g \in GL(n, \mathbb{C}); g^* = g^{-1}\}$$

ここで $^t\bar{g}$ の意味で g^* と書くのは数学の標準である．物理では $g^\dagger$ と書くことが多い．$U(n)$ のリー環は

$$\mathfrak{u}(n) = \{X \in Mat(n, \mathbb{C}); X^* = -X\}$$

と定義される．リー環 $\mathfrak{u}(n)$ は $\mathfrak{gl}(n, \mathbb{C}) = Mat(n, \mathbb{C})$ の実形と呼ばれるものである．つまり $Mat(n, \mathbb{C})$ は実部と虚部に分解される．

$$X = (X)_1 + i(X)_2, \qquad (X)_1, (X)_2 \in \mathfrak{u}(n).$$

k を整数とする．G 上の無限回微分可能函数 f に対して

$$d_k(f)(g) = \partial_0\{f(ge^{-\varepsilon(g^k)_1}) + if(ge^{-\varepsilon(g^k)_2})\}$$

と定義する．ただしここ ∂_0 は $\varepsilon = 0$ での微分，すなわち

$$\partial_0 = \frac{d}{d\varepsilon}\bigg|_{\varepsilon=0}$$

ということである．なお上の定義で $ge^{-\varepsilon(g^k)_j}$ $(j = 1, 2)$ は G の元であることに注意されたい．もし f が $GL(n, \mathbb{C})$ 上の正則函数に拡張されるならば，もう少し簡単に

$$d_k(f)(g) = \partial_0\{f(ge^{-\varepsilon g^k})\}$$

と書くことができる．多変数微分積分で習う連鎖律を用いてちょっと計算してみる．

$$d_k(f)(g) = \sum_{i,j} \partial_0 (ge^{-\varepsilon(g^k)})_{ij} \frac{\partial f}{\partial g_{ij}}(g)$$

$$= -\sum_{i,j} (g^{k+1})_{ij} \frac{\partial f}{\partial g_{ij}}(g)$$

ここで g_{ij} は行列 g の ij 成分を表す．たとえば $n = 1$ の場合は

$$d_k(f)(z) = -z^{k+1} \frac{d}{dz} f(z).$$

単位円周 $U(1)$ の極座標 $z = e^{i\theta}$ を用いれば $\dfrac{d}{dz} = ie^{i\theta}\dfrac{d}{d\theta}$ なので

$$d_k = ie^{ik\theta}\frac{d}{d\theta}$$

がわかる．この円周上のベクトル場は次の交換関係を満たす．

$$[d_k, d_m] = (k-m)d_{k+m} \qquad\qquad (*)$$

このようなブラケット積で定義されるリー環

$$\mathscr{W} = \bigoplus_{k\in\mathbb{Z}} \mathbb{C}d_k$$

をヴィット代数と呼ぶことがある．円周上のベクトル場のなす無限次元リー環と思ってもいいし，ベクトル場 d_k が抽象的なヴィット代数の表現を与えていると考えてもよい．そして，一般の自然数 n についても $G = U(n)$ 上のベクトル場 d_k は交換関係(*)を満たすことが確かめられる．つまりヴィット代数の表現が得られているのだ．円周 $S^1 = U(1)$ の一般化として $U(n)$ を持ってくるというアイデアが素晴らしいと思う．球面 S^n や S^1 の積 $T^n = S^1 \times \cdots \times S^1$ では，ここからの展開がうまくいかないのだ．

ヴィット代数の表現になっていること，すなわち(*)を証明しておく．

$$d_k(d_m f)(g) = \sum_{i,j} \partial_0 \left\{ ((ge^{-\varepsilon g^k})^{m+1})_{ij} \frac{\partial f}{\partial g_{ij}}(ge^{-\varepsilon g^k}) \right\}$$

ここで

$$\partial_0 \left\{ ((ge^{-\varepsilon g^k})^{m+1})_{ij} \frac{\partial f}{\partial g_{ij}}(ge^{-\varepsilon g^k}) \right\}$$

$$= \partial_0 \left\{ (g^{m+1}e^{-\varepsilon(m+1)g^k})_{ij} \frac{\partial f}{\partial g_{ij}}(ge^{\varepsilon g^k}) \right\} - (g^{m+1})_{ij} \sum_{a,b} (g^{k+1})_{ab} \frac{\partial^2 f}{\partial g_{ij}\partial g_{ab}}(g)$$

$$= -(m+1)(g^{k+m+1})_{ij} \frac{\partial f}{\partial g_{ij}}(g) - (g^{m+1})_{ij} \sum_{a,b} (g^{k+1})_{ab} \frac{\partial^2 f}{\partial g_{ij}\partial g_{ab}}(g)$$

であるから結局

$$d_k(d_m f)(g) = -(m+1) \sum_{i,j} (g^{k+m+1})_{ij} \frac{\partial f}{\partial g_{ij}}(g)$$

$$- \sum_{i,j} \sum_{a,b} (g^{m+1})_{ij}(g^{k+1})_{ab} \frac{\partial^2 f}{\partial g_{ij}\partial g_{ab}}(g)$$

と計算される．第2項の2階微分の部分は k と m の入れ替えで不変なので $[d_k, d_m]$ を考えれば消えてくれる．以上により

$$[d_k, d_m]f(g) = -(k-m) \sum_{i,j} \left\{ (g^{k+m+1})_{ij} \frac{\partial f}{\partial g_{ij}}(g) \right\}$$

$$= (k-m)d_{k+m}f(g)$$

と(*)が示された．単純計算だがいささか集中力が要求された．

このヴィット（Ernst Witt 1911-1991）はドイツの数学者である．二次形式の理論においてヴィット環（Witt ring）という名前が残っている．またリー環論でポアンカレ-バーコフ-ヴィットの定理が有名だ．

ヴィラソロ代数

このあたりでヴィラソロ代数の定義を思い出そう．

$$\mathcal{V} = \bigoplus_{k\in\mathbb{Z}} \mathbb{C}\ell_k \oplus \mathbb{C}z$$

である．ブラケット積は

$$[\ell_k, \ell_m] = (k-m)\ell_{k+m} + \frac{1}{12}(k^3-k)\delta_{k+m,0}z \qquad (**)$$

だ．z と任意の元のブラケット積は 0 であるとする．リー環ではこのような z を中心元と呼ぶ．$(*)$ と見比べれば「ヴィラソロ代数はヴィット代数の 1 次元中心拡大」という言い方が適切であることがわかる．すなわち次の完全系列が成り立つ．

$$0 \longrightarrow \mathbb{C}z \longrightarrow \mathcal{V} \longrightarrow \mathcal{W} \longrightarrow 0$$

$\mathcal{W}$ は $\mathcal{V}$ の部分ベクトル空間とみなせるが，部分リー環ではない．商空間との見方が正しい．学部 2 年生あたりが混乱するところだな．$\mathcal{W}$ の表現は $\mathcal{V}$ の表現と思うことができる．つまり

$$\sigma(\ell_k) = d_k, \qquad \sigma(z) = 0$$

はヴィラソロ代数の表現なのだ．z の行き先が 0 であることを指してセントラルチャージ 0 の表現などと呼ぶ．ヴィラソロ特有の言葉遣いだ．パラメータを導入して表現 σ を変形しよう．まず整数 k に対して $S_k(g) = \mathrm{tr}(g^k)$ とおき，S_k を掛け算作用素と考える．$S_0 = n$ に注意する．定義より

$$d_m(S_k)(g) = \partial_0 S_k(ge^{-\varepsilon g^m}) = \partial_0 \mathrm{tr}((ge^{-\varepsilon g^m})^k)$$
$$= -k\,\mathrm{tr}(g^{k+m}) = -kS_{k+m}(g)$$

と計算される．いまここでは S_k を函数とみなしたわけだが，作用素だと思えば次の交換関係が示されたことになる．

$$[d_k, S_m] = -kS_{k+m}.$$

これを踏まえて表現の変形を行う．二つの複素パラメータ λ, μ を準備し，

$$\sigma_{\lambda,\mu}(\ell_m) = d_m - (\lambda - m\mu)S_m$$

と定義する．省略するが簡単な計算により $\sigma_{\lambda,\mu}$ がヴィラソロ代数 V のセントラルチャージ 0 の表現を与えていることがわかる．最近，水川裕司によってもう一つパラメータを入れた変形も発見された．非常に面白いのだがここでは禁欲的にワラックの $\sigma_{\lambda,\mu}$ に限定して先に進もう．

本論の主たる目的はヴィラソロ代数のフォック表現と呼ばれる表現の特異ベクトルを与えることである．そのためのキーとなる補題を示しておこう．

●補題Ⅳ-1

任意の整数 k, m に対して
$$\sigma_{k,0}(\ell_m)(\det^{-k}) = 0.$$
ここで $\det^{-k}$ とは $g \in GL(n, \mathbb{C})$ に対して $(\det g)^{-k}$ を与える函数である．

証明は簡単なので，このような計算に慣れるためにちょっと書いておこう．定義に従って計算するだけだ．

$$\begin{aligned}
d_m(\det^{-k})(g) &= \partial_0(\det(ge^{-\varepsilon g^m})^{-k}) \\
&= \partial_0(\det(g^{-k}e^{\varepsilon kg^m}) \\
&= (\det g)^{-k}\partial_0(e^{\mathrm{tr}(\varepsilon kg^m)}) \\
&= (\det g)^{-k}k\mathrm{tr}(g^m) \\
&= kS_m(\det^{-k})(g)
\end{aligned}$$

1か所，線型代数の有名な式
$$\det e^X = e^{\mathrm{tr}X}$$
を用いた．これは行列式が固有値の積，トレースが固有値の和ということを思い出せば指数法則から明らかである．

それでは次に我々が問題にすべきヴィラソロ代数の「フォック表現」を与えよう．表現空間は無限変数多項式環 $V = \mathbb{C}[t_j; j \geq 1]$ である．V 上の作用素 $a_j\ (j \in \mathbb{Z})$ を

$$a_j = \partial_j\left(= \frac{\partial}{\partial t_j}\right), \quad a_{-j} = jt_j \quad (j \geq 1), \quad a_0 = 0$$

と定義する．その上で整数 k に対して

$$\pi(\ell_k) = \frac{1}{2}\sum_{j\in\mathbb{Z}} a_{-j}a_{j+k} \qquad (k \neq 0)$$

$$\pi(\ell_0) = \sum_{j\geq 1} a_{-j}a_j$$

$$\pi(z) = 1$$

とすればヴィラソロ代数の V 上の表現ができあがる. セントラルチャージは 1 である. ベクトル場としてのセントラルチャージ 0 の表現 σ と同じく, パラメータを入れて変形する. その際の指針となるのが次の公式である. 簡単な計算練習だ.

$$[\pi(\ell_m), a_k] = -ka_{m+k}.$$

パラメータ $\lambda, \mu \in \mathbb{C}$ に対して

$$\pi_{\lambda,\mu}(\ell_m) = \pi(\ell_m) - (\lambda - m\mu)a_m + \frac{1}{2}(\lambda^2 - \mu^2)\delta_{m,0},$$

$$\pi_{\lambda,\mu}(z) = 1 - 12\mu^2.$$

とするとちゃんと表現になる. セントラルチャージは $1-12\mu^2$ と変化する.

絡み合い作用素

本稿の主定理(もちろんワラックによるものだ)はヴィラソロ代数の二つの表現 $\sigma_{\lambda,\mu}, \pi_{\lambda,\mu}$ の関係である. 絡み合い作用素の構成のため形式的べき級数を準備しよう. $g \in U(n)$ に対して

$$\eta(t, g) = \sum_{j\geq 1} t_j \mathrm{tr}(g^j)$$

とおく. g の固有値を $x_1, \cdots, x_n$ とするならば

$$\eta(t, g) = \sum_{j\geq 1} t_j(x_1^j + \cdots + x_n^j)$$

である. この $\eta(t, g)$ を e の肩に乗せて「フーリエ変換」を考えよう. つまり $f \in C^\infty(U(n))$ に対して

$$T(f)(t) = \int_G e^{\sqrt{2}\eta(t,g)} f(g)\ dg$$

とするのである. ここで dg はコンパクトリー群 $G = U(n)$ のハール測度である. なにやら難しそうだが, 群の演算に関して不変な, すなわち $d(hg) = dg$ を満たすような積分だなと単純に考えればよろしい. なおヴィラソロのフォッ

ク表現では要所要所に $\sqrt{2}$ が登場するのであるが，私にはその本質がまだわからない．勝手な $f \in C^\infty(U(n))$ に対して $T(f)$ が多項式になる，すなわち V に入るというわけではないが，f に適当な相対不変性を課せば $T(f) \in V$ がわかる．そういうものだけ考えていればよい．主定理は以下のように述べられる．

●**定理Ⅳ–2**

$m \geqq 1$ に対して
$$\pi_{\lambda,\mu}(\ell_m)(T(f)) = T(\sigma_{\sqrt{2}\lambda+n,\sqrt{2}\mu}(\ell_m)f).$$

絡み合い作用素といってもヴィラソロ代数全体ではなく，その「正の部分」$V_+ = \bigoplus_{k \geqq 1} \mathbb{C}\ell_k$ という部分代数に関するものである．だからセントラルチャージは無関係だ．

この定理の証明にはもう少しだけ準備が必要になる．二つのキーとなる公式を補題の形であげておこう．

●**補題Ⅳ–3**

$m \geqq 1$ に対して
$$d_m(e^{\sqrt{2}\eta(t,g)}) = -\sqrt{2} \sum_{j \geqq 1} j t_j \mathrm{tr}(g^{m+j}) e^{\sqrt{2}\eta(t,g)}.$$

これは直接計算により次のように確かめられる．
$$
\begin{aligned}
d_m(e^{\sqrt{2}\eta(t,g)}) &= \partial_0(e^{\sqrt{2}\eta(t,ge^{-\varepsilon g^m})}) \\
&= \partial_0(e^{\sqrt{2} \sum_{j \geqq 1} t_j \mathrm{tr}(g^j e^{-\varepsilon j g^m})}) \\
&= \partial_0(e^{\sqrt{2} \sum_{j \geqq 1} t_j \mathrm{tr}(g^j - \varepsilon j g^{m+j} + \cdots)}) \\
&= -\sqrt{2} \sum_{j \geqq 1} j t_j \mathrm{tr}(g^{m+j}) e^{\sqrt{2}\eta(t,g)}
\end{aligned}
$$

●**補題Ⅳ–4（部分積分の公式）**

$m \geqq 1$，$\varphi, \psi \in C^\infty(G)$ に対して
$$\int_G d_m(\varphi) \cdot \psi \, dg = \int_G \varphi \cdot (-d_m + \gamma_m)\psi \, dg.$$

ここで

$$\gamma_m = \sum_{k=1}^{m} S_k S_{m-k}.$$

これについては幾何学的な考察が必要となるため本稿では証明を省略したい．ワラックの論文にも計算の過程は書かれていない．当面必要なのは

$$\gamma_1 = nS_1, \qquad \gamma_2 = S_1^2 + nS_2$$

である．

以上の二つの補題を用いれば定理の証明は以下のようにできる．まず任意の $m \geqq 1$ に関する式であるが V_+ はリー環として ℓ_1, ℓ_2 で生成されるので，この二つの元に関してのみ確認すればよろしい．ここでは ℓ_1 について計算をお見せする．式中で $\eta(t,g)$ を単に η と書く．また積分はすべて $G = U(n)$ 上のものである．

$$
\begin{aligned}
\pi_{\lambda,\mu}(\ell_1)(T(f)) &= \left(-(\lambda-\mu)\partial_1 + \sum_{j\geqq 1} jt_j \partial_{j+1}\right) \int e^{\sqrt{2}\eta} f(g)\, dg \\
&= -\sqrt{2}\,(\lambda-\mu) \int \mathrm{tr}(g) e^{\sqrt{2}\eta} f(g)\, dg \\
&\quad + \sqrt{2} \sum_{j\geqq 1} jt_j \int \mathrm{tr}(g^{j+1}) e^{\sqrt{2}\eta} f(g)\, dg \\
&= -\sqrt{2}\,(\lambda-\mu) \int \mathrm{tr}(g) e^{\sqrt{2}\eta} f(g)\, dg \\
&\quad - \int d_1(e^{\sqrt{2}\eta}) f(g)\, dg \\
&= -\sqrt{2}\,(\lambda-\mu) \int \mathrm{tr}(g) e^{\sqrt{2}\eta} f(g)\, dg \\
&\quad + \int e^{\sqrt{2}\eta} (d_1 - nS_1) f(g)\, dg \\
&= \int e^{\sqrt{2}\eta} (d_1 - (\sqrt{2}\lambda + n - \sqrt{2}\mu) S_1) f(g)\, dg \\
&= T(\sigma_{\sqrt{2}\lambda+n, \sqrt{2}\mu}(\ell_1)(f)).
\end{aligned}
$$

ℓ_2 に関する式もほぼ同様である．このような積分変換が絡み合い作用素を与えるなんていかにもユニタリ表現論らしくて素敵ではないか．ヴィラソロ代数という無限次元ではあるがおもちゃのようなリー環に対してこのような本格的な表現論が適用されるのである．

主定理を補題IV-1と合わせれば，$k \in \mathbb{Z}$, $m \geqq 1$ について

$$\pi_{\frac{k-n}{\sqrt{2}},0}(\ell_m) T(\det^{-k}) = 0$$

が得られる. 一般にヴィラソロ代数の表現空間の元 φ が V_+ の作用で消えるとき「特異ベクトル」と呼ばれる. 上は $T(\det^{-k})$ が特異ベクトルであることを示している. それではこの函数はいかなるものか. その具体的な形を決めることを問題にしよう. 対称函数についていささかの準備が必要となる.

シューア函数の準備を少し

というわけでシューア函数をはじめとする対称函数について基本的な事柄をマクドナルドのモノグラフ[62]に従って少しまとめておくことにする. まず対称函数が住んでいる空間であるが通常 Λ と書かれる. 係数は有理数まで許せば十分であるが本稿では $\mathbb{C}$ としておく. Λ の厳密な定義は射影極限を用いる面倒なものであるが, 我々は素朴に加算個の変数 $x_1, x_2, \cdots$ に関する対称な「函数」と考えればよろしい. 有限個, たとえば $x_1, x_2, \cdots, x_n$ に関する対称多項式は Λ の元を $x_j = 0\,(j > n)$ とすることによって得られる. 各変数に次数 1 を持たせ, n 次斉次部分を Λ^n で表す. $\dim \Lambda^n = p(n)$ である. だからここの基底として n の分割, すなわちマス目の個数が n のヤング図形でラベルづけられるものを考えるのが自然である. マクドナルドの本では「完全対称函数 h_λ」「初等対称函数 e_λ」,「冪和対称函数 p_λ」, と進んで最後に「シューア函数 s_λ」が紹介される. シューア函数の定義を思い出しておこう. ヤング図形 $\lambda = (\lambda_1, \cdots, \lambda_n)$ ($\lambda_1 \geq \cdots \geq \lambda_n \geq 0$) に対して

$$a_{\lambda+\delta} = \det(x_i^{\lambda_j+n-j})_{1 \leq i, j \leq n}$$

とする. 行列式なので変数の入れ替えに関して交代的である. したがって最簡交代式である差積, すなわちヴァンデルモンド行列式で割り切れる. その商である対称多項式を「シューア多項式」というのだ.

$$s_\lambda(x_1, \cdots, x_n) = \frac{a_{\lambda+\delta}}{a_\delta}.$$

この定義はコンパクトリー群 $U(n)$ の既約最高ウエイト表現のワイルによる指標公式そのものである. たとえば整数 k に対して

$$\det^k : U(n) \ni g \mapsto \det(g)^k \in U(1)$$

という1次元表現の指標はもちろん $\det^k$ であるが，これはもし $k \geqq 0$ ならば $\lambda = (k^n)$ というヤング図形に対応するシューア多項式なのだ．要するにシューア多項式は群の指標である．だから直交する．またシューア多項式は変数を増やしたときに「安定性」を持つ．つまり

$$s_\lambda(x_1, \cdots, x_n, x_{n+1})|_{x_{n+1}=0} = s_\lambda(x_1, \cdots, x_n)$$

が言える．したがって無限変数のシューア函数 $s_\lambda \in \Lambda$ が出来上がる．正式には射影極限を考えることになる．

　マクドナルドの本では，さまざまな対称函数の直交性や基底変換の行列が徹底的に論じられている．この辺りはマクドナルド先生の独擅場である．まず Λ の内積を設定しよう．幂和対称函数 p_λ を用いて

$$\langle p_\lambda, p_\mu \rangle = \delta_{\lambda\mu} z_\lambda$$

により定義する．ただし $\lambda = (1^{m_1}, 2^{m_2}, \cdots)$ に対して $z_\lambda = \prod_{i \geqq 1} i^{m_i} (m_i!)$ である．Λ^n の2種類の基底 $\{u_\lambda\}_\lambda, \{v_\lambda\}_\lambda$ について次は同値であることが示される．

（A）　$\langle u_\lambda, v_\mu \rangle = \delta_{\lambda\mu}$

（B）　$\sum_\lambda u_\lambda(x) v_\lambda(y) = \prod_{i,j} (1 - x_i y_j)^{-1}$.

　シューア函数は Λ の正規直交基底をなすので上の（B）を用いて

$$\sum_\lambda s_\lambda(x) s_\lambda(y) = \prod_{i,j} (1 - x_i y_j)^{-1}.$$

が言える．この式をコーシーの恒等式と呼ぶことがある．右辺の因子が複素函数論で習う「コーシー核」だからだろう．これの「多項式版」として次も示される．（変数 x のみ有限にする．）

$$\sum_{\lambda, \ell(\lambda) \leq n} s_\lambda(x_1, \cdots, x_n) s_\lambda(y) = \prod_{j \geqq 1} \prod_{i=1}^n (1 - x_i y_j)^{-1}.$$

右辺を変形する．

$$\prod_{j \geqq 1} \prod_{i=1}^n (1 - x_i y_j)^{-1} = e^{\log \prod_{j \geqq 1} \prod_{i=1}^n (1 - x_i y_j)^{-1}}$$

$$= e^{-\sum_{i,j} \log(1 - x_i y_j)}$$

$$= e^{\sum_{i,j} \sum_k y_j^k x_i^k / k}$$

$$= e^{\sum_i \sum_k t_k x_i^k}$$

ここで $t_k = \dfrac{p_k(y)}{k} = \displaystyle\sum_{j \geq 1} \dfrac{y_j^k}{k}$ とおいた．この変数で表記したシューア函数 $s_\lambda(y)$ を $S_\lambda(t)$ と書くことにしよう．また $x_1, \cdots, x_n$ をユニタリ群 $U(n)$ の元の固有値だと思えば，結局

$$e^{\eta(t,g)} = \sum_{\lambda, \ell(\lambda) \leq n} s_\lambda(x_1, \cdots, x_n) S_\lambda(t)$$

と書かれることがわかるだろう．コーシー核がフーリエ核に化けたのだ．

特異ベクトル

以上を準備した上でヴィラソロ代数に戻る．フォック表現の特異ベクトルは $T(\det^{-k})$ であった．これを計算する．

$$
\begin{aligned}
T(\det^{-k}) &= \int e^{\sqrt{2}\eta(t,g)} \det^{-k}(g)\,dg \\
&= \sum_{\lambda, \ell(\lambda) \leq n} S_\lambda(\sqrt{2}\,t) \int s_\lambda(x_1, \cdots, x_n) \overline{s_{(k^n)}(x_1, \cdots, x_n)}\,dg \\
&= C \sum_{\lambda, \ell(\lambda) \leq n} S_\lambda(\sqrt{2}\,t) \delta_{\lambda, (k^n)} \\
&= C\, S_{(k^n)}(t).
\end{aligned}
$$

ここで C は特に明示的に書く必要のない正定数である．コンパクト群 $G = U(n)$ の指標の直交性を使っている．本書第 11 講の有限群の指標の直交性の式において群上の「和」を「積分」に直せばそのまま成り立つ．ずいぶん乱暴な言い方だが，セールの本『有限群の線型表現』(岩堀長慶・横沼健雄訳，岩波書店)の方式に従ったまでだ．

以上によりフォック表現の特異ベクトルが「長方形のシューア函数」として実現されることがわかった．これが脇本-山田の定理である．この脇本-山田の論文は事実上私のデビュー作である．これ以前にはエルミート対称空間上の微分方程式の解空間に運動群の最高ウエイト表現をこしらえるために概均質ベクトル空間の理論，つまり相対不変式のフーリエ変換や b 函数の話を援用する，といったようなことをやっていたのだが，道具立てが大げさな割には結果が弱かったり，議論が不十分だったりで「自分の数学」になっていない恨みがあった．「チューブ領域上の解析なんて，もうやることあまりないよ」と言われたこともある．まあ私は必ずしもそうは思わないのでいつかまたこういう数学をや

ってみたいという気持ちは持っている．ルーベンタレーの「放物型概均質ベク
トル空間」の理論で定式化はずいぶんしっかりとなされているし，大雑把に言
えばそれと「同等」なジョルダン代数を持ち出しても良いかも知れない．表現
のユニタリ性に対する b 函数の役割を自分なりに納得できたらいいなと思って
いる．

　本書第 12 講に書いたように 1981 年の佐藤幹夫先生の理論研での講義でシュ
ーア函数という素晴らしいおもちゃに触れた．これがきっかけとなって表現論
に登場するさまざまな組合せ論的な話題を追求していくことになったのである．
折良く脇本實先生からヴィラソロ代数のフォック表現においてシューア函数が
重要な役割を演じているらしいと教わった．長方形のシューア函数が特異ベク
トルになっているという事実も脇本先生から伝えられたことである．私が話を
聞いて大いに喜んだせいでお情けで共著にしていただいたわけだが，ずいぶん
と甘えてしまったな．もちろん論文の原稿を書くにあたって周辺をいろいろ勉
強した．脇本先生としてはそれが狙いだったのかも知れない．まずは速報を
Letters in Mathematical Physics（LMP）に出した．当時の風習としてプレプリ
ントをいろいろな人に配った．電子メイルやアーカイブなんてものはまだ普及
していなかったからタイプ原稿のコピーを世界に送ったのだ．それがワラック
の目に止まった．長方形のシューア函数から彼は（多分）すぐにユニタリ群の行
列式の冪という既約指標を考えた．きちんと定式化すれば我々の結果は自然に
出てくる．仕事は早い．LMP のアナウンスメントよりも先にワラックの論文
が出てしまった．脇本–山田には特異ベクトルの記述と，それに関連して KP
方程式系の広田表示がヴィラソロ代数を通じて導出されるよ，ということも書
かれているが，それについてはワラックは触れていない．LMP の数年後にい
わゆる「本論文」が Hiroshima Mathematical Journal に掲載された[88]．KP
方程式系との関係は，カッツにいろいろ教えてもらった．

スーパーヴィラソロ代数

　同じ頃スーパーヴィラソロ代数というものの存在を知った．ヌヴュ–シュヴ
ァルツというものとラモンというものの 2 種類がある．せっかくなのでここに
定義式を書いておこう．

$$\mathcal{S}V = \bigoplus_{k\in\mathbb{Z}}\mathbb{C}\ell_k \oplus \bigoplus_{r\in\mathbb{Z}+\varepsilon}\mathbb{C}g_r \oplus \mathbb{C}z.$$

ここで「奇部分」のインデックス r が整数を動くもの，すなわち $\varepsilon=0$ がラモン代数，半奇数を動くもの，すなわち $\varepsilon=\frac{1}{2}$ がヌヴェ－シュヴァルツ代数である．スーパーブラケット積は次で与えられる．

$$[\ell_k,\ell_m] = (k-m)\ell_{k+m} + \frac{1}{12}(k^3-k)\delta_{k+m,0}z,$$

$$[\ell_k,g_r] = \left(\frac{k}{2}-r\right)g_{k+r},$$

$$[g_r,g_s] = 2\ell_{r+s} + \frac{1}{3}\left(r^2-\frac{1}{4}\right)\delta_{r+s,0}z.$$

一番下の式は奇部分同士のブラケットなので反交換子である．だから右辺は r,s に関して対称になっていることに注意されたい．物理の文献では反交換子は $\{g_r,g_s\}$ と書かれることが多い．フォック表現にあたるものは簡単に構成できるのでヴィラソロの場合と同様に特異ベクトルの具体形を夢中になって計算していた時期がある．未定係数法で多項式を決めていくだけの単純計算だ．しかし何も面白いことは見つからなかった．脇本先生にその旨伝えたところ「いつまでもそんなことばかりやって遊んでいてはダメ」と叱られた．それもあってスーパーヴィラソロ代数はそれきりになってしまった．今覚えているのは，ヌヴェ－シュヴァルツの方がラモンよりも扱いやすいなと感じた，ということだけである．でもスーパーという言葉から離れることはできなかった．実際，修士1年生のときにコスタントのスーパー多様体，スーパーリー群に関する論文を眺めたこともあり，「スーパー＊＊」にはいささかの愛着があったのだ．結局学位論文ではスーパー可積分系について考察した．満足のいくものではなかったが，兎にも角にも理学博士の学位を得た．いまどきの「博士(理学)」ではない．1987年のことである．

ジャック多項式

1994年ごろだったと思うが友人の三町勝久と山田泰彦から突然「ヴィラソロ特異ベクトルがジャックで書ける」という話を聞かされた．彼らは共形場理論からの要請で，セントラルチャージが1でない特殊な値のフォック表現を考察

し，特異ベクトルがシューア多項式の変形である「ジャック多項式」で記述される，という定理を証明したのだ[90]．この函数もやはりヤング図形でラベルづけされるが，特異ベクトルとして登場するのは長方形のヤング図形に付随するジャック多項式である．シューア函数の変形としては「ホール–リトルウッド対称函数」というのが現れる機会が少なくないのだが，それとは異なる方向の変形であるジャック多項式の登場は注目に値する．もちろん究極の変形として「マクドナルド多項式」というのがある．これはジャック多項式の q アナローグとみなされる．ヴィラソロ代数でそこまで行ければ一応の完成かもしれないが，数学的には，また組合せ論的にはジャックも十分面白い．統計学で重要な「帯多項式」というのはジャック多項式の特別なものである．「帯球函数」がどういうわけか変に略されている．量子群上で帯多項式の q アナローグを計算した野海正俊氏の仕事も思い出される．それこそマクドナルド多項式が主役だ．なお最近野海氏によるマクドナルド多項式の素晴らしい講義録[91]が出版された．

　さて三町–山田（泰彦）の議論のキーとなるのはジャック多項式の積分表示だ．論文は Communications in Mathematical Physics（CMP）に載っている．もちろん脇本–山田にも言及している．セントラルチャージが 1 の場合に「直接計算」で証明している，と書かれている．実は私が見たプレプリントでは brute-force となっていた．この語はあくまでも本人が自虐的に用いるものであって，他人から言われたらカチンとくるのだ．ジャック多項式の積分表示という副産物も相まって彼らの論文は大変に評判が良い．ちょっとだけ悔しい．先日三町氏が，この CMP 論文は彼にとっても，一里塚になったという話をしてくれた．「クリーンヒットだったんだ．」もう何年も経っているが，今回紹介したワラックの議論が長方形の本質を突いているので，三町–山田が扱ったフォック表現にも適用可能かも知れないと考えるに至り，最近少しずつ計算している（つもりである）．もしうまくできたら三町–山田（裕史）という共著を書きたいね，と言い合っているところだ．

長方形にこだわる

　岡山大学に移動した 2000 年には長方形のシューア函数のことを考えていた．

カッツ–ムーディ リー環 $A_1^{(1)} = \widehat{\mathfrak{sl}_2}$ の基本表現のウエイトベクトルとして長方形のシューア函数が登場すると信じていたので，それをきちんと見てみようと思って池田岳と一緒に計算した．当時岡山理科大学に所属していた彼とは毎日のように会っていろいろ議論して期待通りの定理を得た[79]．基本表現の「斉次実現」を用いるというのは池田氏の慧眼である．頭の回転の早い彼についていくのは大変だったが充実した時間を共有できた．長方形のシューア函数が非線型シュレディンガー–戸田方程式系のタウ函数であり，ヴィラソロ特異ベクトルである，というのが主定理である．つまり脇本–山田の別証明ができたことにもなる．$A_1^{(1)}$ の表現ということで，ここではいわゆる「頂点作用素」を積極的に使っている．

この仕事を手始めとして長方形のシューア函数についてはずいぶん詳しく調べた．最終的には長方形に飽き足らず「台形のシューア函数」などという論文も書いた．カッツ–ムーディ リー環の表現が主たる対象であったが，やはりいつかはヴィラソロ代数に絡ませて議論したいと感じていたのも確かだ．

次は三角形

ヤング図形の中で長方形は確かに特別なものであるが，三角形だってつまらないわけではない．「三角形のヤング図形」とは $\Delta_r = (r, r-1, \cdots, 2, 1)$ のことである．対称群のモジュラー表現論での呼び名は「2 コア」だ．これは長さが偶数のフックを持たないという意味である．対応するシューア函数 $S_{\Delta_r}(t)$ は偶数番号の変数 t_{2j} $(j \geq 1)$ を持たない．多項式環

$$V^{(2)} = \mathbb{C}[t_{2j-1}; j \geq 1]$$

を準備し，この空間にヴィラソロ代数の表現をこしらえる．正の奇数 j に対して作用素 a_j を $a_j = \partial_j \left(= \dfrac{\partial}{\partial t_j}\right)$, $a_{-j} = j t_j$ と定義する．その上で整数 k に対して

$$\pi^{(2)}(\ell_k) = \frac{1}{4}\sum_j a_{-j} a_{j+2k} \qquad (k \neq 0)$$

$$\pi^{(2)}(\ell_0) = \frac{1}{4}\sum_{j \geq 1} a_{-j} a_j + \frac{1}{16}$$

と定義する．ここでももちろん和は奇数 j を渡るものとする．$\pi^{(2)}(z) = 1$ と合わせてヴィラソロ代数の表現が出来上がる．(2-)被約フォック表現と呼ぶべき

ものである．脇本-山田よりも前に脇本先生が考察されたものである[87]．カッツ-ムーディ リー環 $A_1^{(1)}$ の基本表現を仔細に調べた脇本先生は，表現空間にヴィラソロ代数も上の形で作用することに気がついた．基本表現のウエイトダイアグラムを見れば，特異ベクトルはすなわち KdV 方程式系のタウ函数であり，$S_{\Delta_r}(t)$ $(r \geqq 0)$ で与えられることが一目瞭然である．KdV 方程式系の舞台である $V^{(2)}$ は一方でシューアの Q 函数の空間でもあり，Q 函数的な見方をした方が自然である，との観点から，私がその後いろいろいじくりまわした．最初は有木進，中島達洋と，その後，青影一也，新川恵理子とウエイトベクトルをちゃんと書く，という仕事をした[92, 93]．すべて脇本先生の先駆的な「特異ベクトルとしての三角形のシューア函数」がもとになっている．「$A_1^{(1)}$ でヴィラソロならランクがあがったら W 代数でしょ」とは当時よく言われたが，結局私は W 代数については定義もよく知らず，語る資格はない．

　　だんだん記述が専門的に，不親切になってきたと感じる．このあたりでやめるのが賢明だろう．いささか長すぎたきらいがある．

おわりに

　　ヴィラソロ代数は私の数学の原点に位置するものとして常に頭の片隅に置かれている．シューア函数もソリトン方程式もヴィラソロ代数というフィルターを通して観察し考察してきた．2021 年に 81 歳で世を去った Miguel Virasoro に最大の敬意を表す．

　　決して短くはない数学者としてのキャリアのなかで，本当に素晴らしい共同研究者に恵まれた．数学研究というのは基本的には孤独な作業であると考えるが，素朴なアイデアを友人に語る，あるいは友人から聴くことによって，より具体的な，現実的な問題が浮き上がってくるなどということは誰でも経験することだろう．何気ない会話から問題解決の突破口が開けることもある．数学研究の醍醐味を共有させてもらった過去の，そして現在の共同研究者に深く感謝しつつここで筆を擱く．

[1]И. M. ヴィノグラードフ(三瓶与右衛門・山中健訳),『整数論入門』, 共立出版 (共立全書), 1959／『復刊 整数論入門』, 2010

[2]一松信,『石とりゲームの数理』, 森北出版, 1968／POD 版, 2003

[3]中村滋,『フィボナッチ数の小宇宙—— フィボナッチ数. リュカ数, 黄金分割』, 日本評論社, 2002／改訂版, 2008

[4]H. ヴァルサー(蟹江幸博訳),『黄金分割』, 日本評論社, 2002

[5]R. A. ダンラップ(岩永恭雄・松井講介訳),『黄金比とフィボナッチ数』, 日本評論社, 2003

[6]A. ボイテルスパッヒャー・B. ペトリ(柳井浩訳),『黄金分割—— 自然と数理と芸術と』, 共立出版, 2005

[7]石川雅雄,「代数的組合せ論」,『数学セミナー』2006 年 11 月号, 32-36

[8]洞彰人,「フィールズ賞業績紹介 オクニコフ」,『数学セミナー』2007 年 1 月号, 40-43

[9]山本幸一,『順列・組合せと確率』, 岩波書店, 1983／新装版, 2015

[10]R. P. Stanley, *Enumerative Combinatorics*, Vol. 2, Cambridge Univ. Press, 1999／ 2nd ed., 2023

[11]成嶋弘,『数え上げ組合せ論入門[改訂版]』, 日本評論社, 2003

[12]黒川信重,『オイラー探検—— 無限の滝と 12 連峰』, シュプリンガー・ジャパン, 2007／丸善出版, 2012

[13]寺尾宏明,「カタラン数の語る数学の世界」 https://www.math.sci.hokudai.ac.jp/~terao/hokudaihs.pdf (『数学セミナー』2009 年 8 月号, 8-12 に収録)

[14]寺尾宏明,「カッコのつけ方講座」,『大学への数学』1990 年 1 月号, 東京出版, 52-55

[15]山上滋,「カタラン数」 http://sss.sci.ibaraki.ac.jp/teaching/catalan.pdf

[16]R. R. X. Du, Fu Liu, "(k, m)-*Catalan numbers and hook length polynomials for plane trees*", European J. Combin. **28** (4), (2007), 1312-1321

[17]高木貞治,『解析概論』(改訂第三版), 岩波書店, 1961／定本, 2010

[18]B. C. Berndt, *Number Theory in the Spirit of Ramanujan*, AMS, 2006

[19]堀田良之,『代数入門—— 群と加群』, 裳華房, 1987／新装版, 2021

[20]野海正俊,『オイラーに学ぶ——『無限解析序説』への誘い』, 日本評論社, 2007

[21]G. アンドリュース・K. エリクソン(佐藤文広訳)『整数の分割』, 数学書房, 2006

[22]高木貞治,『近世数学史談』, 共立社書店, 1933／岩波書店(岩波文庫), 1995

[23]神保道夫,『量子群とヤン・バクスター方程式』, シュプリンガー・フェアラーク東京, 1990／丸善出版, 2012

[24] 谷崎俊之, 『リー代数と量子群』, 共立出版, 2002

[25] 佐藤肇, 『リー代数入門 —— 線形代数の続編として』, 裳華房, 2000

[26] G. H. Hardy, *Ramanujan*, 3rd ed., Chelsea, 1978

[27] J.-P. セール(彌永健一訳), 『数論講義』, 岩波書店, 1979／岩波オンデマンドブックス, 2017

[28] R. カニーゲル(田中靖夫訳), 『無限の天才 —— 天逝の数学者・ラマヌジャン』, 工作舎, 1994／新装版, 2016

[29] 藤原正彦, 『天才の栄光と挫折 —— 数学者列伝』, 新潮社(新潮選書), 2002／文藝春秋(文春文庫), 2008

[30] 木村達雄編, 『佐藤幹夫の数学』, 日本評論社, 2007／増補版, 2014

[31] G. E. Andrews, *q-Series: Their Development and Application in Analysis, Number Theory, Combinatorics, Physics and Computer Algebra*, AMS, 1986

[32] 高木貞治, 『初等整数論講義』, 共立社書店, 1931／第2版, 共立出版, 1971

[33] L. オイラー(高瀬正仁訳), 『オイラーの無限解析』, 海鳴社, 2001

[34] L. Lorentzen, H. Waadeland, *Continued Fractions with Applications*, North-Holland, 1992

[35] E. L. Ince, *Ordinary Differential Equations*, Dover, 1956/Filiquarian Legacy Publishing, 2012

[36] 榎本彦衛, 「マヤ・ゲームの数学的理論：佐藤幹夫氏講演」, 『計算機によるゲームとパズルをめぐる諸問題研究会報告集』(数理解析研究所講究録 **98**)(1970), 105-135

[37] 榎本彦衛, 「Maya game について(佐藤幹夫氏講義の記録)」, 『数学の歩み』 **15-1**(1970), 73-84

[38] 佐藤幹夫(梅田亨記), 『佐藤幹夫講義録(1984年度・1985年度1学期)』, (数理解析レクチャーノート), 1989

[39] 川中宣明, 「佐藤のゲームの魅力・ディンキン図形の魔力」, 『数学のたのしみ』 23(2001), 45-58

[40] A. Okounkov, A. Vershik, "*A new approach to representation theory of symmetric groups*", Selecta Math. (N. S.) **2** (4), (1996), 581-605

[41] A. Vershik, A. Okounkov, "*A new approach to the representation theory of symmetric groups* II", Journal of Mathematical Sciences, **131** (2005), 5471-5494 arXiv: math/0503040

[42] 服部昭, 『群とその表現』, 共立出版, 1967

[43] B. E. Sagan, *The Symmetric Group: Representations, Combinatorial Algorithms, and Symmetric Functions*, Wadsworth, 1991/2nd ed., Springer, 2001

[44] D. E. クヌース(有澤誠, 和田英一監訳), 『*The Art of Computer Programming*, Vol. 1, *Fundamental Algorithms* 3rd. ed. 日本語版』, アスキー, 2004

[45] C. Greene, A. Nijenhuis, H. S. Wilf, "*A probabilistic proof of a formula for the*

number of Young tableaux of a given shape", Adv. Math. **31** (1979), 104-109

[46] C. ベルジュ（野崎昭弘訳），『組合せ論の基礎』，サイエンス社，1973

[47] 河野敬雄，「条件付き確率に関する 2, 3 の注意」，『数学』53（4）(2001), 426-434

[48] 池田信行，小倉幸雄，高橋陽一郎，眞鍋昭次郎，『確率論入門 I』，培風館，2006

[49] K. Nakada, *"Colored hook formula for a generalized Young diagram"*, Osaka J. Math. **45**（4）(2008), 1085-1120

[50] 堀田良之，『加群十話――代数学入門』，朝倉書店，1988

[51] 岩堀長慶，『対称群と一般線型群の表現論――既約指標・Young 図形とテンソル空間の分解』，岩波書店，1978／岩波オンデマンドブックス，2019

[52] 寺田至，『ヤング図形のはなし』，日本評論社，2002

[53] T. Terasoma, H.-F. Yamada, *"Higher Specht polynomials for the symmetric group"*, Proc. Jpn. Acad. Ser. A **69**（2），(1993), 41-44

[54] 野海正俊，「seminar house 右往左往のはなし」，『数学セミナー』1990 年 5 月号，54-55

[55] G. James, M. Liebeck, *Representations and Characters of Groups*, Cambridge Univ. Press, 1993/2nd ed., 2001

[56] 岡田聡一，『古典群の表現論と組合せ論（上・下）』，培風館，2006

[57] D. E. Littlewood, *The Theory of Group Characters and Matrix Representations of Groups*, 2nd ed. Oxford Univ. Press, 1950/AMS, 2006

[58] H. Mizukawa, H.-F. Yamada, *"Littlewood's multiple formula for spin characters of symmetric groups"*, J. London Math. Soc. **65**（1），(2002), 1-9

[59] I. G. Macdonald, *"On the degrees of the irreducible representations of symmetric groups"*, Bull. London Math. Soc. **3**（2），(1971), 189-192

[60] 木村俊房，『常微分方程式の解法』，培風館，1958

[61] 広田良吾，『直接法によるソリトンの数理』，岩波書店，1992

[62] I. G. Macdonald, *Symmetric Functions and Hall Polynomials*, 2nd ed., Oxford Univ. Press, 1998

[63] 佐藤幹夫述，野海正俊記『ソリトン方程式と普遍グラスマン多様体』，（上智大学数学講究録 18），1984

[64] 吉野雄二，『基礎課程 線形代数』，サイエンス社，2000

[65] I. G. Macdonald, *Notes on Schubert Polynomials*, LACIM Université du Québec à Montréal, 1991

[66] L. Manivel (J. R. Swallow Trans.), *Symmetric Functions, Schubert Polynomials and Degeneracy Loci*, English Edition, AMS, 2001

[67] 須藤靖，「ニュートン算の功罪――注文の多い雑文（その 7）」，『UP』2009 年 5 月号，東京大学出版会，15-23

[68] W. Fulton, *Young Tableaux: With Applications to Representation Theory and Geometry*, Cambridge Univ. Press, 1997

[69] J. Blasiak, "*Cohomology of the complex Grassmannian*", preprint
https://www.math.drexel.edu/~jblasiak/grassmannian.pdf

[70] 山内恭彦，杉浦光夫，『連続群論入門』，培風館，1960／新装版，2010

[71] D. E. Littlewood, A. R. Richardson, "*Group characters and algebra*", Philos. Trans. R. Soc. A. **233** (1934), 99-142

[72] 島和久，『連続群とその表現』，岩波書店，1981／岩波オンデマンドブックス，2014

[73] G. de B. Robinson, *Representation Theory of the Symmetric Group*, University of Toronto Press, 1961

[74] R. Howe, S. T. Lee, "*Why should the Littlewood-Richardson rule be true?*", Bull. Amer. Math. Soc., **49** (2) (2012), 187-236

[75] S. Ariki, T. Nakajima, H.-F. Yamada, "*Reduced Schur functions and the Littlewood-Richardson coefficients*", J. London Math. Soc. **59** (2) (1999), 396-406

[76] E. Date, M. Jimbo, M. Kashiwara, T. Miwa, "*Transformation groups for soliton equations: Euclidean Lie algebras and reduction of the KP hierarchy*", Publ. RIMS. **18** (3) (1982), 1077-1110

[77] I. B. Frenkel, V. G. Kac, "*Basic representations of affine Lie algebras and dual resonance models*", Invent. Math. **62** (1980), 23-66

[78] P. N. Hoffman, J. F. Humphreys, "*Projective Representations of the Symmetric Groups: Q-Functions and Shifted Tableaux*", Clarendon Press, 1992

[79] T. Ikeda, H.-F. Yamada, "*Polynomial τ-functions of the NLS-Toda hierarchy and the Virasoro singular vectors*", Lett. Math. Phys. **60** (2) (2002), 147-156

[80] V. G. Kac, *Infinite-Dimensional Lie Algebras*, 3rd ed., Cambridge Univ. Press, 1990

[81] B. Leclerc, S. Leidwanger, "*Schur functions and affine Lie algebras*", J. Alg. **210** (1998), 103-144

[82] J. Lepowsky, R. L. Wilson, "*Construction of the affine Lie algebra $A_1^{(1)}$*", Comm. Math. Phys. **62** (1978), 43-53

[83] H. Mizukawa, H.-F. Yamada, "*Rectangular Schur functions and the basic representation of affine Lie algebras*", Discrete Math. **298** (1-3) (2005), 285-300

[84] T. Nakajima, H.-F. Yamada, "*Schur's Q-functions and twisted affine Lie algebras*", Adv. Studies in Pure Math. **28** (2000), 241-259

[85] J. B. Olsson, *Combinatorics and Representations of Finite Groups*, Vorlesungen aus dem FB Mathematik der Univ. Essen, 1993

[86] G. Segal, "*Unitary representations of some infinite-dimensional groups*", Comm. Math. Phys. **80** (3) (1981), 301-342

[87] M. Wakimoto, *Basic representations of extended affine Lie algebras*, 『力学系とリ

－群の表現論』（数理解析研究所講究録 **503**）（1983），36-46

[88] M. Wakimoto, H.-F. Yamada, *"The Fock representations of the Virasoro algebra and the Hirota equations of the modified KP hierarchies"*, Hiroshima Math. J. **16** (1986), 427-441

[89] N. Wallach, *"Classical invariant theory and the Virasoro algebra"*, Publication of the Mathematicsal Sciences Research Institute #3, Springer-Vealag, (1984), 475-482

[90] K. Mimachi and Y. Yamada, *"Singular vectors of Virasoro algebra in terms of Jack symmetric polynomials"*, Comm. Math. Phys. **174** (1995), 447-455

[91] M. Noumi, *Macdonald Polynomials: Commuting Family of q-Difference Operators and Their Joint Eigenfunctions*, Springer Briefs in Mathematical Physics, 50, Springer, 2023

[92] T. Nakajima, and H.-F. Yamada, *"Basic representations of $A_{2l}^{(2)}$ and $D_{l+1}^{(2)}$ and the polynomial solutions to the reduced BKP hierarchies"*, J. Phys. A: Math. Gen., **27** (6) (1994), L171-L176

[93] K. Aokage, E. Shinkawa, and H.-F. Yamada, *"Pfaffian identities and Virasoro operators"*, Lett. Math. Phys., **110** (6) (2020), 1381-1389

索引

山田裕史
やまだ・ひろふみ

1956 年，東京都に生まれる．
1979 年，早稲田大学理工学部数学科卒業．
1985 年，広島大学大学院理学研究科数学専攻博士後期課程単位取得退学．
1987 年，理学博士(広島大学)．
琉球大学助手，東京都立大学助手，助教授，北海道大学助教授，岡山大学教授，
熊本大学教授を経て，
現在，岡山大学名誉教授．
専門は表現論．
著書に『組合せ論トレイル』(日本評論社)がある．

組合せ論プロムナード ［増補版］
くみあわろん　　　　　　　　　　　ぞうほばん

2009 年 12 月 20 日　第 1 版第 1 刷発行
2024 年 6 月 25 日　増補版第 1 刷発行

著者————————山田裕史

発行所————————株式会社　日本評論社

　　　　　　　　〒170-8474　東京都豊島区南大塚 3-12-4
　　　　　　　　電話 03-3987-8621（販売）　03-3987-8599（編集）

印刷————————株式会社　精興社

製本————————株式会社　難波製本

装丁————————STUDIO POT（沢辺 均＋山田信也）／ヤマダデザイン室（山田信也）

©2009, 2024 Hiro-Fumi YAMADA
Printed in Japan
ISBN 978-4-535-79017-9